灵川古银杏群落

南京无樑殿银杏

陕西汉中银杏古树

圆锥树冠

李白故居旁的古银杏

泰兴的银杏

禅林寺银杏

都江堰清溪园银杏盆景

下蜀杂交育种试验

银杏育苗基地（广东南雄）

银杏育苗基地（广西桂林）

核用银杏丰产园

叶用银杏园

银杏优良品种嫁接苗繁殖基地

银杏叶

银杏雄花

银杏雌花

采收后的银杏雄花序

银杏成熟的胚珠

银杏果

硕果累累

银杏产品

银杏产品

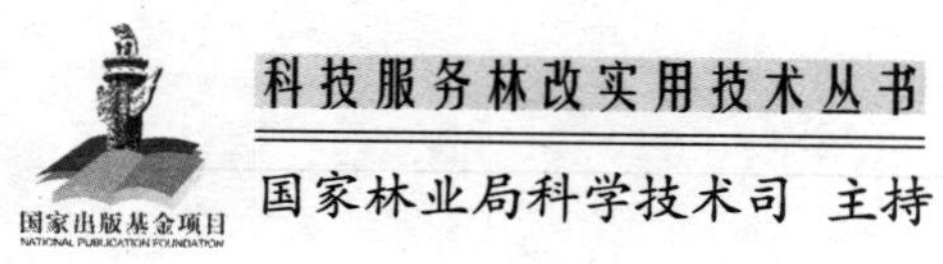

银杏丰产栽培实用技术

曹福亮　郁万文　编著

中国林业出版社

图书在版编目(CIP)数据

银杏丰产栽培实用技术 / 曹福亮，郁万文编著. —北京：中国林业出版社，2011.6

（科技服务林改实用技术丛书）

ISBN 978－7－5038－6218－2

Ⅰ. ①银… Ⅱ. ①曹… ②郁… Ⅲ. ①银杏－栽培技术 Ⅳ. ①S792.95

中国版本图书馆 CIP 数据核字（2011）第 114975 号

责任编辑：张　锴　刘家玲

出　　版：中国林业出版社（100009　北京西城区德内大街刘海胡同 7 号）
E－mail：wildlife_cfph@163.com　　电话：（010）83225764
发　　行：新华书店北京发行所
印　　刷：北京市昌平百善印刷厂
版　　次：2011 年 7 月第 1 版
印　　次：2011 年 7 月第 1 次
开　　本：850mm×1168mm　1/32
印　　张：4.5
彩　　插：4P
字　　数：120 千字
印　　数：5000 册
定　　价：12.00 元

“科技服务林改实用技术”丛书

编辑委员会

《银杏丰产栽培实用技术》

编　著　曹福亮　郁万文

序

我国山区面积占国土面积的69%，山区人口占全国人口的56%，全国76%的贫困人口分布在山区，山区农民脱贫致富已成为建设社会主义新农村的重点和难点。

山区发展，潜力在山，希望在林。全国43亿亩林业用地和4万多个高等物种主要分布在山区。对林地和物种的有效开发利用，既可以获得巨大的生态效益，又可以获得巨大的经济效益。特别是随着经济社会的快速发展和消费结构的变化，林产品以天然绿色的优势备受人们青睐，人们对林产品的需求急剧增长，林产品市场价值不断提升。加快林业发展，发挥山区的优势与潜力，对于促进山区农民脱贫致富，破解“三农”难题，推进新农村建设，建设生态文明，具有十分重大的战略意义。

我国林业蕴藏的巨大潜力之所以长期没有充分发挥出来，重要原因在于经营管理粗放、科技含量低。当前，世界林业发达国家的林业科技贡献率已高达70%～80%，而我国林业科技贡献率仅35.4%。特别是我国林业科技推广工作相对薄弱，大量林业科技成果未被广大林农掌握。加强林业科技推广，把科学技术真正送到广大林农手里，切实运用到具体实践中，已经成为转变林业发展方式、提高林地产出率、增加农民收入的紧迫任务。

实践证明，许多林业科技成果特别是林业实用技术具有易操作、见效快的特点，一旦被林农掌握，就会变成现实生产力，显著提高林产品产量，显著增加林农收入，深受广大林农群众的欢迎。浙江省安吉市的农民在种植竹笋时，通过砻糠覆盖技术，既提早了竹笋上市时间，又提高了竹笋品质，还延长了销售周期，使农民收入大幅增加。我国的油茶过去由于品种老化、经营粗放等原因，每亩产量只有3～5千克，近年来通过推广新品种和新技术，每亩产量提高到30～50千克，效益提高了10倍。据统计，目前我国林业科技成果已有5 000多项，但在较大范围内推广应用的不多。如果将这些林业科技成果推广应用到生产实践中，必将释放出林业的巨大潜力，产生显著的经济效益，为林农群众开拓出更多更好的致富门路。

近年来，国家林业局科学技术司坚持为林农提供高效优质科技服务的宗旨，开展送科技下乡等一系列活动，取得了显著成效。为适应集体林权制度改革的新形势，满足广大林农对林业科技的需求，他们又组织专家编写了“科技服务林改实用技术”丛书，这是一件大好事。这套丛书以实用技术为主，收录了主要用材林、经济林、花卉、竹子、珍贵树种、能源树种的栽培管理以及重大病虫害防治技术。丛书图文并茂、深入浅出、通俗易懂、易于操作，将成为广大林农和基层林业技术人员的得力帮手。

做好林业实用技术推广工作意义重大。希望林业科技部门不断总结经验，紧密围绕林农群众关心的科技问题，继续加强研究和推广工作；希望广大林业科技工作者和科技推广人员，增强全心全意为林农群众服务的责任心和使命感，锐意进取，埋头苦干，不断扩大科技推广成果；希望广大林农群众树立相信科技、依靠科技的意识，努力学科技、用科技，不断提高科技素质，不断增强依靠科技发家致富的本领。我相信，通过各方面共同努力，林业实用技术一定能够发挥独特作用，一定能够为山区经济发展、社会主义新农村建设做出更大贡献。

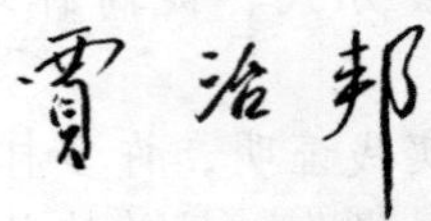

2010年10月

前言

银杏是集经济效益、生态效益和社会效益于一体的多用途树种，其用途和经济价值远非其他树种可比。近20年来，在中央和地方各级政府的关心和支持下，我国银杏业得到了蓬勃发展，栽培面积日益扩大，栽培类型向多样化发展，栽培技术水平不断提高，银杏业已经成为部分地区农业的支柱产业、林业的朝阳产业、林农致富的希望产业，对农村脱贫致富奔小康发挥着越来越重要的作用。为了给银杏种植区的农民提供科学的栽培技术，特编写了这本《银杏丰产栽培实用技术》，推广行之有效的先进技术成果，是银杏种植高产高效，实现可持续经营的重要保障。

近10年来，随着银杏资源培育、多用途开发利用的快速发展，对银杏的学术和技术研究也得到了全面深入的发展，取得了丰硕成果。南京林业大学先后承担了国家科技支撑项目“银杏等特种工业原料林培育技术”、国家林业局重点项目“银杏种质基因库的建立和良种选育”和“银杏区域化试验”、江苏省科技厅项目“银杏遗传分析和药用良种选育”、江苏省三项工程项目“银杏种质资源引进”和“银杏综合开发利用技术配套组装集成”等10多项课题。在这些课题的支撑下，在银杏生物生态特性、遗传育种、苗木培育、资源培育和加工等方面进行了广泛深入的研究，为银杏业的发展做出了积极贡献。为了适应银杏生产、科研及科普的需要，及时总结银杏生产和科研的成果和经验，促进银杏业健康发展，受中国林业出版社委托，南京林业大学承担了《银杏丰产栽培实用技术》编写工作。本书从果用银杏培育、叶用银杏培育、花粉用银杏培育、园林绿化银杏培育、银杏盆景栽培技术等方面，有针对性地选择了部分成果技术做了介绍。

本书紧密结合生产实际，力求通俗易懂，学以致用，可供银杏科技推广人员和种植区农民使用和参考。希望该书的出版能为中国银杏业的发展做一点有益的贡献。由于编者水平有限，难免有疏漏和错误之处，敬请同行和读者批评指正。

图 1　曹福亮教授在基层普及银杏栽培知识

编著者

2010 年 10 月

目 录

◆序
◆前言
◆第一章 银杏简介/1
一、高价值的干果树/1
二、优质的用材树/2
三、多功能的药用树/3
四、优良的绿化观赏树/5
◆第二章 银杏的品种选育及优良品种/6
一、核用银杏/6
二、叶用银杏/11
三、花粉用银杏/15
四、材用银杏/16
五、绿化观赏银杏/17
六、行道树银杏/19
◆第三章 银杏栽培技术/21
一、栽培概述/21
二、育苗技术/22
三、移栽/44
四、田间管理/45
◆第四章 核用银杏丰产栽培技术/54
一、品种选择/54
二、良种嫁接苗培育/55

三、园地选择/56
四、整地施底肥/56
五、适时合理密植/57
六、管理技术要点/57
七、病虫害防治/60
八、种实的采收、调制和贮藏/60
◆第五章 叶用银杏栽培技术/63
一、建园技术/63
二、定植技术/64
三、树形培养/65
四、银杏园的管理/65
五、银杏叶的采收/67
◆第六章 花粉用银杏栽培技术/69
一、园址选择/69
二、品种选择/69
三、造林方法/70
四、栽后管理/71
五、花粉的采集和处理/71
◆第七章 园林绿化银杏栽培技术/73
一、绿化观赏银杏品种/73
二、繁选种苗/74
三、育苗密度/75
四、移植时间/75
五、苗木保护/75
六、栽植点/76
七、栽培技术/76

八、栽后管理/76
◆第八章 **银杏盆景栽培技术**/79
一、容器选择/79
二、盆土准备/82
三、嫁接与上盆/82
四、造型要点/83
五、养护要点/90
◆第九章 **银杏行道树的栽培管理技术**/94
一、选苗/95
二、土球要求/95
三、平衡修剪/96
四、栽植技术/96
五、栽后管理/98
◆第十章 **银杏大树移植栽培技术**/101
一、移植银杏大树的要领/101
二、银杏大树移植操作流程/101
三、银杏大树定植后的养护/107
◆附录1 **银杏栽培技术图说**/110
◆附录2 **银杏养护口诀**/119
◆附图表 附表1 泰兴银杏周年管理作业历/120
附表2 我国各地银杏物候期/124
附表3 各种肥料可否混合施用查对表/125
附表4 大树移植记录表/126
附图1 银杏的物候期/127
附图2 盆景制作全过程/128

第一章　银杏简介

银杏（*Ginkgo biloba* L.）是集食品、饮料、药材、木材、化妆品等原料和环境美化、绿化于一体，其叶、花、果、材都可以被人类加以利用的特种优质经济林木。银杏果仁营养丰富，药食两用；叶药物制品疗效特殊，畅销欧美；木材优良贵重，经久耐用。近年来，随着科技的发展，人们对银杏叶、果、花、材的化学成分和功能研究越加深入，其营养价值和医疗保健作用越来越引起人们的重视。日、美、德、韩等国已经研制出多种银杏叶提取物的药用制剂，产品在市场上供不应求，取得了巨大的经济效益。在欧洲，银杏叶提取物制剂已经成为最畅销的三种药制剂（大蒜油、人参和银杏）之一。当前，对银杏果、叶的开发利用研究已经取得了阶段性成果，生产出多种银杏产品并投入市场。

一、高价值的干果树

银杏种仁产量高、营养成分丰富，还含有一些特殊的药用成分，长期食用可起到营养和保健双重功效（图2）。银杏种仁为上等干果，广泛用于食品、烹调品和饮料、酿制品等的加工生产中，是人们喜爱的滋补保健食品，常用于补虚扶衰、止咳平喘、涩精固元等。就食用方式来看，银杏可用于炒食、烤食、煮食，配菜，制作糕点、蜜饯、罐头、饮料和

图2　硕果累累

酒类等。

银杏种仁的营养成分相当丰富，特别是蛋白质、脂肪、磷、铁、胡萝卜素、维生素 B 等的含量比较高。种仁中氨基酸种类多、含量高，总氨基酸含量为 10.77%，包括必需氨基酸 7 种，含量约为 3.42%，药效氨基酸9 种，含量约为 7.25%，半必需氨基酸 4 种，含量约为 1.33%。在药效氨基酸中含量最高的是谷氨酸，可用于调味，还可用于肝昏迷、神经衰弱及癫痫发作等病的治疗。种仁中含有白果酸、氢化白果酸、氢化白果亚酸、白果醇和漆树酸等。另外，种仁中也含有有毒成分，其中 4′-甲氧基吡哆醇（MPN）是白果的主要毒性成分，是维生素 B_6 的拮抗剂，常可引起阵发性痉挛。

二、优质的用材树

银杏木材优质、用途广泛，素有“银香木”或“银木”之称。早在三国时期，银杏就被列为珍贵的林木资源。银杏木材具有光泽、纹理通直、结构匀称、质地细腻、易加工、耐腐性强、干缩性好、不变形、不反翘、不开裂、易着漆等良好性能，并有特殊的药香味，抗蛀性强（图 3）。银杏木除可制作雕刻匾及木鱼等工艺品，也可制作成立橱、书桌等高档家具。银杏木具共鸣性、导音性和富弹性，是制作乐器的理想材料。银杏木还可用于制作测绘器具、笔杆等文化用品，也是制作棋盘、棋子、体育器材、印章及小工艺品的上等木料。在工业生产上，银杏木最适宜制作

图 3 银杏树干

X线机滤线板、纺织印染滚、机模及脱胎漆器的木模、胶合板、砧板等。目前银杏木材储量少，还很少用于家具和建筑，但在古代，银杏用于家具和建筑是非常普遍的，如在河南、贵州发现有许多已有几百年的历史的寺庙全部用银杏作为建筑材料，但银杏木材依然没有腐烂。

通常，人们都认为银杏是一个生长很慢的树种，实际情况并非如此。据调查，在江苏省如皋市有一片银杏实生树林，树龄为20年，其平均胸径已达到26.7厘米，这充分说明银杏的生长并非很慢，只要立地条件好，管理措施适当，银杏的生长速度可以大大提高，培育银杏用材林大有发展前途。

三、多功能的药用树

银杏种仁中含有多种药用成分，在我国中医药古书中，一直将其列为重要药材，并且记录了使用方法及对某些疾病所具有的特殊疗效（图4)。《本草纲目》谓之“敛沛气、定喘嗽、缩小便、止带浊。”现代临床试验也表明，经常食用银杏种仁，可延缓衰老、温肺益气，增强机体免疫功能。银杏种仁中所含微量元素硒，能有效地提高机体的免疫水平，具有抗衰老的作用，同时对维护心血管系统的正常结构和功能起到重要作用。银杏种仁中的白果酸能抑制多种杆菌和皮肤真菌，对葡萄球菌、链球菌、白喉杆菌、炭疽杆菌、枯草杆菌、大肠杆菌和伤寒杆菌等都有不同程度的抑制作用。将新鲜白果捣烂，调成浆乳状、涂抹患处，可治疗酒刺、头面癣疮、鼻面酒鼻等疾病。鲜白果中的白果酚甲能够增加血管渗透性，具有降血压的作用。银杏种仁制成的化妆品具有明显的消炎、止痒、减退色斑、防止开裂等功效。

图4 银杏产品

现已从银杏叶中分离鉴定出的化学成分主要有以下几类：黄酮类、萜类、酚类、酸类、聚异戊烯醇、甾类、叶蜡、糖和糖醇以及矿质元素等。一般所说银杏叶中的生理活性物质主要是指黄酮类化合物和萜内酯类化合物。这两类物质具有捕获自由基、抑制血小板活化因子（PAF）、促进血液循环及脑代谢的功能，同时可作为添加剂用于保健食品和化妆品等的生产。黄酮类化合物可分为黄酮甙、黄酮甙元（山柰酚、槲皮素、异鼠李素）、双黄酮、桂皮酸酯黄酮甙和儿茶素等几类。银杏内酯化合物又称银杏萜内酯，主要包括银杏内酯和白果内酯两类。银杏内酯是二萜内酯，包括银杏内酯 A（GA）、B（GB）、C（GC）、J（GJ）和 M（GM）5 种类型。这五种类型的银杏内酯均是血小板活化因子强有力的拮抗剂（PAF），其中以银杏内酯 B 的活性最强，其纯品在临床用于中风、器官移植排斥反应、血液透析和休克等的治疗，其效果大大高于银杏内酯混合物。白果内酯（BB）属倍半萜内酯，是目前从银杏叶中发现唯一的一个倍半萜内酯化合物，具有保护神经的作用，对老年痴呆症有良好的治疗效果。

银杏外种皮部分占整个种实的 70% 左右。目前，银杏外种皮由于刺激性和腐蚀性强，一直作为废物而被弃掉，这样既浪费资源，又污染环境。研究表明，银杏外种皮含有糖、多糖、鞣质、银杏酚、白果酸、白果酚、氢化白果酸、氢化白果亚酸、白果醇、微量元素及甙类等多种化学成分，其中的一些化学成分具有极高的药用价值。外种皮水溶性成分具有祛痰、镇咳、对抗过敏介质和抗原所致平滑肌收缩、降血压、增加冠脉流量、抗氧化、抗衰老、抗过敏及免疫抑制作用；外种皮中长链酚类具有抑菌和抗肿瘤作用。最近，有人发现外种皮乙酸乙酯提取物具有明显拮抗 PAF 活性，外种皮多糖具有抗炎、增强免疫功能、抑制肿瘤的作用。

银杏花粉几乎含有人体所需要的一切营养素，在营养学上有“微型营养库”的美誉。现代科学研究发现，银杏花粉中的必需氨基酸、可利用的矿物质元素和多种维生素的含量均高于一些常见的植物花粉，其中维生素E含量高达30毫克/千克，是赤松花粉（17.4毫克/千克），玉米花粉（15.39毫克/千克）的2倍左右。黄酮类化合物是银杏花粉中的另一种重要的生理活性物质，具有抗动脉硬化、降低胆固醇、解痉和防辐射等作用。此外在银杏花粉中还存在着大量对人体有益的活性酶、核酸和生长素等，它们共同作用对维持人体的正常生命活动具有重大意义。

四、优良的绿化观赏树

银杏树体高大挺拔，寿命长，叶形奇特，夏天葱绿，秋天金黄，姿态雄伟壮丽，是优美的观赏树种，为我国的主要绿化观赏树种之一，在古今园林中历来受到重视，一向为植物学家和园林学家所青睐，常作为城镇园林绿化和行道树（图5）。中国四大长寿观赏树（松、柏、槐、银杏），银杏并列其中。银杏主干通直挺拔，叶色随季节不同而变化，树干光洁，愈伤力强，寿命长，萌蘖力强，耐修剪，病虫害少，抗烟尘、抗火灾、抗有毒气体、抗辐射。银杏以其庄重、雄伟、古雅、秀丽的奇特魅力，在园林绿化美化方面越来越受到广泛应用。银杏叶小巧玲珑，形似小扇或鸭脚。银杏的果形如杏，秋初过后，渐渐转黄宛如金果。银杏树树干挺拔，树姿雄伟，叶形优美，尤其是金黄色的叶片让其成为优良的行道树、庭荫树、孤植风景树。

图5　丹东银杏行道树

第二章　银杏的品种选育及优良品种

良种是银杏丰产优质的基础。发展银杏生产，无论是核用、叶用、材用、花用，还是绿化观赏用，都要选用最适宜的优良种源或品种。有关银杏育种的各项工作，包括引种、杂交育种、无性系选育等均已展开。曹福亮依据栽培目的不同，从银杏育种角度出发，将银杏各品种划分为核用品种、材用品种、叶用品种、花粉用品种、绿化观赏用品种、行道树用品种等几大类（表1），并针对不同品种提出了具体的良种标准。

表1　银杏栽培品种类型的划分

栽培品种类型	代表品种
核用品种	家佛指、魁铃、大马铃、洞庭皇、大梅核、海洋皇
叶用品种	高优Y－2号、安陆1号、丰产Y－7号
观赏用品种	叶籽银杏、金带银杏、多裂银杏、垂乳银杏
花粉用品种	G♂－12#、嵩优1号、广西早花
材用品种	豫宛9#、直干银杏S－31号

一、核用银杏

长期以来，经营银杏最主要的目的是收获种实。白果的产量指标，外部形态以及内含物种类、数量是鉴定银杏品种的基本条件，形态学特征、物候期，以及栽培特性等只是作为辅助条件加以评比。现阶段，评价银杏优良品种的主要标准是种实产量的丰歉、质量的优劣。优良核用品种的标准包括：种核大小整齐度高；高产稳产，且连续3年的产量变幅不超过30%；出核率26%以上，出仁率在76%以上；种仁淀粉含量在65%以上，糖含量在6.0%以上。具体标准如下。

（一）核用银杏的良种标准

（1）早实　在一般栽培条件下，嫁接4年后60%～80%的树开始结种，10～15年生树平均单株产种子5～10千克。

（2）丰产　每1米长的结种母枝上结种60粒以上，平均每个有结种能力的短枝的种实数量超过1.2粒。2～3年生的短枝有良好的结种能力，并连续15～25年不衰。

（3）稳产　大小年不明显，大年、小年的产量变幅在30%以下。

（4）连续结实能力强　具有结实能力的短枝年年结种，枝龄30年内的短枝仍可开花结实，树冠开张圆满。2～3层主枝与主干夹角不小于50°，冠高与冠径之比接近1:1，内膛与外围结种均匀。

（5）种子品质标准高，种子整齐度大　每千克种核320粒以下，1、2级种核占80%以上，出核率26%以上，出仁率70%以上。种仁含淀粉65%以上，糖分6%以上，蛋白质12%以上，脂肪9%以上，粗纤维0.5%以下。种核洁白，脱壳容易，种仁饱满，糯性强，味甘甜，香气浓郁。银杏种子分级标准见表2所示。

表2　银杏种子分级标准

分级		粒（千克）	单粒重（克）
特大粒	特级	<250	≥4.00
大　粒	一级	251～300	3.99～3.33
中　粒	二级	301～400	3.22～2.50
小　粒	三级	401～500	2.49～2.00
特小粒	等外	>500	<2.00

（6）树势健壮 长枝平均生长量不低于30厘米，每条短枝着生8枚以上正常叶片。

（7）抗逆性强 相同条件下，与其他植株相比，遭受旱、涝、病、虫等自然灾害程度轻。

（二）核用银杏品种

按照上述标准，各地优选出来的优良品种如下（图6）。

（1）大梅核 浙江的诸暨、临安、长兴，广西的灵川、兴安，湖北的安陆、随州等地为主栽品种。种实球形或近于球形，纵径3.0厘米，横径2.8厘米，平均单果重12.2克。种核大而丰满，球形略扁，纵径2.4厘米，横径1.9厘米，平均单粒重3.3克，每千克300～420粒，出核率26%，出仁率75%。本品种种仁饱满、糯性强，抗旱，耐涝，适应性强，丰产性能较好。

（2）家佛指 又名泰兴大白果或大佛指。主栽于江苏吴县。江苏邳县，浙江长兴，湖北孝感，河南罗山，安徽大别山也有栽培。种实卵圆形，纵径3.5厘米，横径2.8厘米，平均单果重17.6克，柄细，长约4.0厘米。种核卵状长椭圆形，纵径2.9厘米，横径1.7厘米，平均单粒重3.3克，每千克310粒。出核率26%，出仁率75%以上。核大壳薄，糯性较差。耐涝抗风性能较弱，大小年不明显。

（3）大金坠 主栽于山东郯城、江苏邳县。种实长椭圆形，纵径2.9厘米，横径2.4厘米，平均单果重10克，柄较长。种核长椭圆形，纵径2.7厘米，横径1.6厘米，平均单粒重2.8克，每千克360粒左右。出核率25.4%，核大，壳薄，糯性强。速生丰产，耐旱，耐涝，耐瘠薄。

（4）大圆铃 山东郯城，江苏邳县栽培较多。种实近球形，纵径2.9厘米，横径2.8厘米，平均单果重13.7克，柄歪斜。种核短圆，纵径2.5厘米，横径2.1厘米，平均单粒重3.6克，每千克约280粒。出核率26.1%，核大，壳薄，种仁饱满。树势

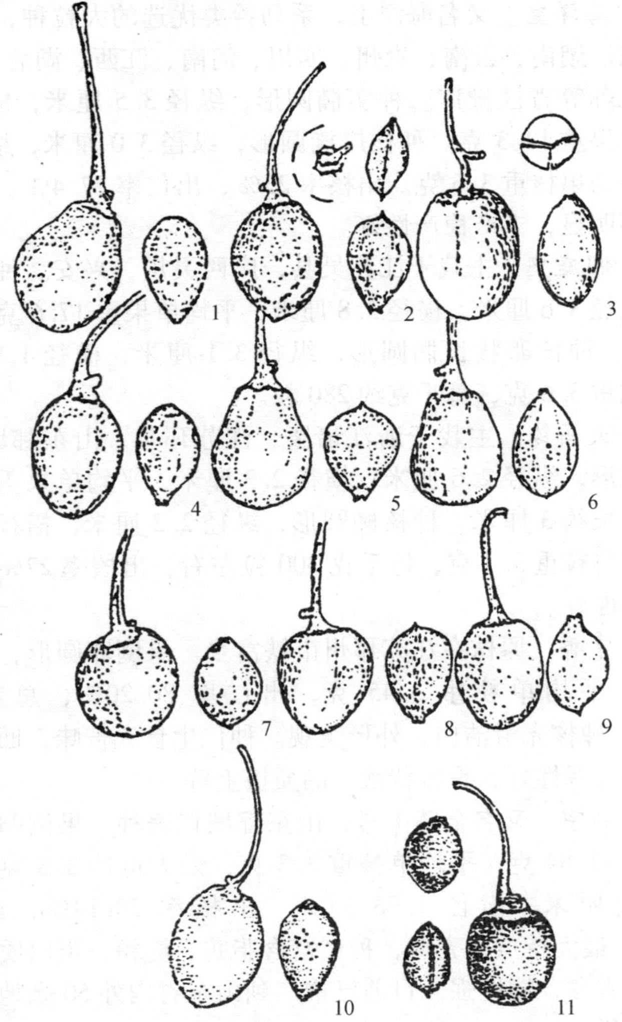

图6 我国部分银杏优良品种

1. 家佛指 2. 大佛手 3. 洞庭皇 4. 扁佛指 5. 大马铃 6. 大金坠
7. 大圆铃 8. 卵果佛手 9. 长柄佛手 10. 七星果 11. 大梅核

强，生长旺，抗性强，生长快，结实早，高产稳产，对肥水条件要求高。

（5）海洋皇 又名海洋王，系马铃类优选的大粒种，已在广西、广东、湖南、云南、贵州、四川、河南、江西、湖北、安徽、山东、江苏等省区推广。种实椭圆形，纵径3.5厘米，横径2.9厘米，单果重14.3克。种核广椭圆形，纵径3.0厘米，横径1.9厘米，平均单核重3.6克。出核率25%，出仁率77.4%。本品种大小年不明显，丰产稳产性好。

（6）洞庭皇 主栽于江苏吴县，广西灵川、兴安。种实倒卵圆形，纵径3.6厘米，横径2.8厘米，平均单果重17.6克，柄长4.3厘米。种核卵状长椭圆形，纵径3.1厘米，横径1.9厘米，平均单粒重3.6克，每千克约280粒。

（7）大马铃 主栽于浙江诸暨、江苏邳县、山东郯城等地。种实长圆形，纵径2.6厘米，横径2.3厘米，平均单果重13克，柄宽扁，长约3厘米。种核椭圆形，纵径2.2厘米，横径1.6厘米，平均单粒重3.4克，每千克300粒左右。出核率27%。种仁味甜、糯性好。

（8）宇香 原株在江苏邳州市铁富乡。果倒卵圆形，种核宽卵圆形，平均单粒重3.45克，出仁率80.20%，总利用率23.02%。种核光滑洁白，外形美观。种仁生食无苦味，回味少有甜味，熟食糯性好，香味特浓，品质极上等。

（9）新宇 又名金坠1号，山东郯城代表种。果倒卵形，平均单果重11.84克，平均单核重3.3克，最大可达3.8克。种核纵径2.5厘米，横径1.73厘米。出核率28.14%，出仁率80.34%。最大特点种壳薄，种仁富含脂肪、淀粉、蛋白质及维生素。口感香甜，糯性强。目前已推广到山东省内外50余地，并收到良好效果。

（10）大果银杏 主栽于湖北安陆、孝感、随州，广西灵川，河南罗山，安徽大别山等地。种实倒卵形，平均单果重11克，柄长4厘米。种核肥大，倒卵形，略扁，边缘有翼，纵径2.6厘米，横径2.2厘米，平均单核重3.3克，每千克约310粒。出核率

29%，种核个大饱满，坐果率高。

（11）魁铃 山东主要推广品种之一，现已推广到山东、四川、安徽、江西、湖南、陕西、浙江、河南、贵州等地方。果阔椭圆形，单果重17.43克，单核重4克，核纵径2.65厘米，横径2.01厘米，出核率23.7%，出仁率77.88%。种仁富含K、Ca及脂肪和蛋白质，口感香甜，糯性强。抗病虫适应性强。

银杏主产区的优良品种如表3所示。其他银杏核用品种和优株/优系详见《中国银杏志》第九章。

表3 银杏主产区优良品种一览表

主产地	品种名称
江苏	大佛指、七星果、大马铃、洞庭皇、梅核、扁佛指、龙眼
山东	大金坠、大圆铃、叶籽银杏、龙眼
浙江	大马铃、大梅核、橄榄果、大圆子、李子果、余村长籽、天目长籽、九甫长籽
广西	长柄佛手、海洋皇、棉花果、珍珠子、桐子果、垂枝银杏、青皮果
贵州	长糯白果、贵州长白果、猪心白果、小黄白果
湖南	橄榄果、梅核、桐子果
湖北	大马铃、大梅核
福建	圆果银杏、猪心白果
江西	庐山银杏、汪槎银杏

注：所列银杏品种名称为《中国果树志·银杏卷》中排在前面较好的品种。

二、叶用银杏

叶用银杏品种应以叶大、高产、优质为主要选育目标。在确定叶用银杏品种选择项目和标准中，首先要考虑的是叶中药用有效成分的含量，其次是产量性状。根据银杏加工企业存在提取物有效成分含量低的问题及国际市场对银杏叶（黄酮≥2.4%、内酯≥0.6%）的要求，参照美国银杏叶丰产采叶园的产量标准，确定叶用银杏品种选择标准如下。

（一）叶用银杏的良种标准

● 产叶量高。如3年生时单株叶产量达150克以上，单叶面积36平方厘米以上，叶片厚度0.38毫米以上，单叶鲜重1.0克以上；

● 叶内有效成分含量高，特别是黄酮及内酯类物质含量高。总黄酮含量1.5%以上，内酯物质含量0.2%以上；

● 萌芽能力和抗逆性强。

（二）叶用银杏品种

各地优选出来的优良品种如下。

（1）安陆1号 刘德军等（2002）从结果树中选出，该品种叶产量较高，叶长×宽×厚为4.7厘米×6.7厘米×0.529厘米，平均单叶面积36.56平方厘米，平均单叶重1.02克，黄酮含量2.52%，内酯含量0.21%，平均单株叶重量172.57克（4年生嫁接苗）。该优株可作为果叶兼用品种种植。

（2）黄酮F-1号 原株来自山东，雄株，生长旺盛。3个试验点连续3年黄酮甙含量测定结果表现为2.96%（1年生）、2.33%（2年生）、1.96%（3年生），2.59%、1.77%、1.57%，2.85%、1.90%、2.38%，属高黄酮甙良种。内酯含量0.134%。接后1~3年单株产鲜叶量分别为0.042、0.335、0.543千克。

（3）黄酮F-2号 3个试验点3年黄酮测定分别为2.611%（1年生）、2.722%（2年生）、2.428%（3年生），2.007%、1.892%、2.193%，2.586%、3.028%和2.807%，属高黄酮甙品种。内酯为0.2813%。接后1~3年单株产鲜叶量分别为0.124、0.425、0.535千克。

（4）黄酮F-3号 原株在山东省，雄株，生长旺盛。3个试验点连续3年黄酮测定为2.228%（1年）、1.80%（2年）、1.24%（3年），2.87%、2.69%、1.55%，2.39%、3.86%、3.12%，属于高黄酮甙良种。内酯含量0.106%。接后1~3年单株产鲜叶量分别为0.029、0.54、0.605千克。

（5）内酯T－5号 原株在山东省，雌株，实生树，生长旺盛。萜内酯总量（HPLC）达0.405 8%。黄酮含量2.58%（1年）、2.13%（2年）和1.13%（3年）。1～3年生单株产鲜叶量分别为0.112、0.500、0.760千克，属于高内酯、高黄酮及高产无性系。

（6）内酯T－6号 原株产于山东省，雌株，树龄约400年生，实生，生长较旺。萜内酯总量（HPLC）达0.358 4%。接后1～3年，黄酮含量分别为1.76%、1.53%和1.47%，单株产鲜叶量分别为0.017、0.258、0.43千克。

（7）内酯GB－5号 原株在山东省，雌株，实生大树，树龄约400年，生长旺盛。萜内酯总量（HPLC）达0.265 4%，属高内酯无性系。接后1～3年，黄酮含量分别为1.55%、1.22%和1.04%，单株产鲜叶量分别为0.172、0.36、0.528千克。

（8）高优Y－2号 原株在山东，雄株，树龄100年，生长旺盛，主干明显，实生树。平均单叶面积28.73平方厘米，平均单叶鲜重0.940 1克，平均单叶干重0.231 0克。平均每个短枝上的叶面积202.16平方厘米、叶鲜重7.24克、叶干重1.71克。嫁接3年生苗株产鲜叶0.59千克，总黄酮含量1.96%，内酯0.212%。

（9）丰产Y－8号 原株为产于江苏的泰兴佛手雌株，生长旺盛，发枝力强。接后3年短枝上的平均叶面积为33.24平方厘米，平均鲜重1.06克、干重0.33克；长枝上的叶分别为58.68平方厘米、2.31克、0.79克。接后当年株产鲜叶0.035千克，接后2年株产鲜叶0.269千克；接后3年株产鲜叶0.499千克。接后1～3年，总黄酮甙含量分别为2.65%、1.56%和1.28%。总萜内酯0.114 5%。

（10）丰产Y－6号 原产于广西，雄株，树龄约50年，实生树，生长旺盛。接后当年长枝上平均标准叶面积41.73平方厘米，平均鲜重2.24克，平均干重0.57克，五叶厚0.284厘米。

接后3年，短枝上的叶面积分别为42.49平方厘米、鲜重1.47克、干重0.42克；长枝叶分别为63.30平方厘米、2.70克、0.74克。接后当年株产鲜叶0.165千克，接后2年为0.431千克，接后3年为0.783千克。当年生叶的黄酮总量达1.786%，内酯总量0.077%。该无性系属高产观赏兼优品种。

(11) 丰产Y-3号　原产于山东，雄株，树龄约100年，实生树，主干明显，生长旺盛。短枝上叶的平均叶面积39.98平方厘米、平均鲜重1.18克、平均干重0.37克，而长枝上叶的平均分别为57.49平方厘米、2.10克、0.65克。接后当年株产鲜叶0.095千克，接后2年为0.54千克，接后3年为0.848千克。大叶、高产。黄酮含量1.835%，内酯含量0.085%。本系号属于高产无性系。

(12) 丰产Y-7号　原产福建，雄株，60年生，生长旺盛，花粉量较大，属优良雄株。短枝上的平均叶面积为24.14平方厘米、平均鲜重0.99克、平均干重0.32克；长枝上分别为41.09平方厘米、1.856克、0.58克。接后当年株产鲜叶0.116千克，接后2年为0.565千克，接后3年为0.925千克。总黄酮含量较高，达2.06%（1年），2年生苗可达1.0%，3年生苗可达0.76%。内酯总量0.18%。该品种产量高，黄酮含量也较高。

(13) E_4　该优株的3年生无性系苗单株平均产叶量158.1克，总黄酮含量1.01%，内酯含量0.17%，总黄酮含量1.597克，内酯含量0.269克，有效经济产量1.866克。

(14) E_1　该优株的3年生无性系苗单株平均产叶量104.7克，总黄酮含量0.92%，内酯含量0.20%，总黄酮产量0.963克，内酯产量0.20克，有效经济产量1.172克。

(15) E_2　该优株的3年生无性系苗单株平均产叶量122.1克，总黄酮含量0.89%，内酯含量0.17%，总黄酮产量1.087克，内酯产量0.208克，有效经济产量1.295克。

(16) E_5　该优株的3年生无性系苗单株平均产叶量106.2

克，总黄酮含量1.30%，内酯0.14%，总黄酮产量1.381克，内酯产量0.149克，有效经济产量1.530克。

（17）E_6 该优株的3年生无性系苗单株平均产叶量103.9克，总黄酮含量0.95%，内酯0.13%，总黄酮产量0.987克，内酯产量0.135克，有效经济产量1.122克。

三、花粉用银杏

在对山东5 050余株雄株调查测定的基础上，邢世岩（1997）将银杏雄株分成长花期雄株、富粉雄株和优质雄株3类。（1）长花期雄株：开花初期到末期的时间10天以上，传粉始期到盛期4~6天，花粉量大，传粉距离1千米以上；（2）富粉雄株：节间短、短枝多，每个短枝上有花（小孢子叶球）数5~6个，每个小孢子叶球上有花药数50个以上，每个花药有花粉粒1.8万个以上。花粉量大，出粉率在5%以上；（3）优质雄株：花粉发芽率及生活力均在90%以上，传粉后受精率在85%以上，与雌株的亲和力强。

（一）花用银杏的良种标准

- 花粉产量高，花穗多，平均长2.2厘米以上，直径0.7厘米以上，每百个鲜花穗重20克以上，每花穗上花药（1对）的个数平均60个以上；
- 花粉萌发能力强；
- 各种有效成分和营养成分含量高，如总黄酮含量高于3%，维生素E高于40毫克/千克；
- 树冠大，生长旺，发枝力强，抗逆性强；
- 早花，嫁接后3~4年即可开花。

（二）花粉用银杏品种

（1）南林花1 雄株，来源于江苏泰兴，树龄50年。开花早，雄球花大，单个雄球花及单株花粉产量高，花粉萌发率高。嫁接后4年开始开花，雄球花，长度达1.95厘米，直径0.72厘米，单个小孢子叶球花粉量达到8.04毫克；单株花粉产量高，5年生花粉最高株产0.25千克，8年生最高株产0.86千克，平均株产0.64千克，花粉萌发率高，达87%。

（2）南林花2 雄株，来源于江苏泰兴，树龄40年。开花早，小孢子叶球大，单个小孢子叶球及单株花粉产量高，花粉萌发率高。嫁接后4年开始开花，小孢子叶球大，长度达2.33厘米，直径0.69厘米，单个小孢子叶球花粉量达到8.44毫克；单株花粉产量高，5年生花粉最高株产0.31千克，8年生最高株产0.94千克，平均株产0.71千克，花粉萌发率高，达85.5%。

（3）嵩优1号 雄株，位于车村乡宝石村上庙村民组水塘旁，为唐朝建庙时所植，树龄约1 000年。树高17米，主干高7米，胸径1.78米，冠幅9米×14米，树冠较圆满。叶花丛节间短，数量多。1~3年生枝平均雄球花长3.18厘米，粗0.86厘米，花药1对个数72.78个，每百个鲜雄球花重25克。每千克鲜雄球花4 000个，花药数29万个，该优株始花期4月16日，末花期4月23日。开花期8天，和雌株授粉期基本一致。

四、材用银杏

（一）材用银杏的良种标准

- 生长快：平均胸径年生长量1~1.5厘米以上，树高生长1~1.5米；
- 主干圆满通直：中央直径与胸高直径的比值（即形数）在0.65以上；
- 侧枝细：最低两层的侧枝基径与着生的主干处直径之比值为0.50以上，基角不大于50°，冠窄枝细；
- 长势旺盛，抗逆性强；
- 植株顶端优势明显（图7）。

（二）材用银杏品种

1. 豫宛9号

原株产于河南省南阳，为速生用材型优树，雌株。胸径年生长量1.6厘米，材积年均生长量0.0631立方米。其性状有待进一步观察（李景山等，2001）。

2. 直干银杏S－31号

母树为实生，雌株，树龄为400～500年，高16米，胸径1米，枝条粗壮，生长旺盛。主干明显，直立生长，嫁接成活率88.9%，每米长枝上短枝数30个，二次枝数11个，枝角小于25.5°，成枝率大于37%。本品接后1～3年单株鲜叶产量分别为0.084千克、0.465千克和0.565千克以上。黄酮含量2.16%，内酯总量0.2844%。属直立生长，高黄酮，中等内酯品种，适于材用。

图7 银杏材用优良单株（南林B3）

3. 南林B3

南京林业大学选育，自由杂交种，速生，抗性强，树冠稀疏，透光率高，年平均胸径生长1.2厘米，年平均高生长超过1.28米。适于用作营造防护林、用材林和农田林网。

五、绿化观赏银杏

（一）绿化观赏银杏的良种标准

绿化观赏银杏可从观赏园艺的角度加以鉴定评比，即主要从树姿、树形、颜色、枝展、叶、花及种实等方面进行比较鉴定。其中树形包括冠形、干形、枝形、叶形；颜色指枝、叶颜色及其变化。

（二）绿化观赏银杏品种

银杏观赏品种的开发和利用对盆景制作、城乡绿化及美化有重要意义。美国目前有观赏品种 50 个，其中有 18 个品种已被美国园艺学会批准为推广品种。随着银杏资源的开发和利用，我国已发掘出许多银杏观赏品种，诸如垂乳银杏、垂枝银杏、窄冠银杏、金带银杏、多裂银杏、叶籽银杏等，现将主要品种介绍如下。

（1）垂乳银杏　垂乳又称树奶或钟乳枝，一般单生或多个聚生，长度大多为 10～35 厘米，个别可达 2 米，几乎垂直向下生长或斜向延伸。如贵州盘县特区乐民乡的 1 000 年生古银杏树，整个树干被“垂奶”包围，最长一垂乳达 2 米。

（2）垂枝银杏　雌株。生长速度中等，小树有宽阔半圆形的树冠。不规则的水平生长习性产生宽阔、扭曲的特征。枝条可不同程度地下垂，生长慢，装饰性强。这种树的下垂特征并不像其他下垂树种的定义那么精确，但这种树确实比其他树种更具有水平生长的习性。本品种生长初期与‘Horizontails’相似，但随着枝条生长而下垂。可以在生长早期进行修剪，但如果任其发展将更具观赏价值。本品种的银杏树叶色深绿，叶形独特，落叶金黄色。

（3）展冠银杏　雌株，树冠宽大；高大宽展、散布型，很少为直立型；侧枝很多。树体多呈侧俯型。侧枝具有平直生长的特征，长长的侧枝接近地面，产生散布垂枝的效果。

（4）塔状银杏　雌株，矮小，大约 1 米高。具有更加紧凑的圆形树形，水平枝条在顶端下垂，造成枝条不同程度地下垂，可以嫁接在 1.5 米高的树桩上获得大树。扇形叶颜色深绿，具有好看的金黄色落叶，是一种树型紧凑且具有吸引力的矮小银杏种类。

（5）万年金　雌株，亲本来源于湖北安陆市王义贞镇唐僧村，胸径 43 厘米，冠幅 18.90 米×17.50 米。在生长期内有一根大枝叶色为黄色，其他枝条上的叶色均为绿色。连续3年观察发现，从萌芽开始，一直到7月底，该枝条上的银杏叶均为黄色，8月份以后，除新发的幼叶为黄色外，成熟的黄色叶逐渐转为淡绿，11月份以后又变为黄色，性状稳定。嫁接后的银杏苗木从第二年开始叶色变化情况与亲本枝条上的叶色变化一致，遗传性状稳定。

（6）玉蝴蝶　雄株。灌木型，花瓶形状，半矮生，树高可达3米。浓密的深绿色叶片簇生，形似一只只蝴蝶。

（7）狭叶银杏　雌株。灌木型，约12米高，7米宽。直立圆形的外形，生长缓慢。分枝浓密对称的品种，生长至12.50米×9.40米，宽阔的圆形树冠是良好的遮荫树。叶片狭窄，深裂至底端，叶片下垂（像一半展开的扇子或袋袋裤）。

（8）掌状银杏　本品种最大的特点是叶大、多裂刻，叶形呈掌状深裂至叶片的1/2，裂刻数5～7。从形态上看，叶面非裂部位宽仅2～3厘米，已失去银杏扇形叶的特征。

（9）筒叶银杏　雌性无性系。树高3米，灌木，细弱小枝，有两种类型的叶片。在成熟茎干上是卷曲的，类似管子或小喇叭，并由此得名，而在幼嫩枝条上是正常的扇形叶片，但是有锯齿轮廓。随着树的成熟，大多数叶片成为喇叭状。

（10）金秋　雌株。直立对称的树形，改良的宽阔散布生长习性，宽阔的金字塔形，更加紧凑，成熟时可达15.24米高，9.14米宽。如名字所示，秋天变成很好看的金秋色，且比其他品种持续的时间长。

（11）金球　雌株。幼小的树木有完整树冠，成熟时是宽阔、圆形。树木有不寻常的浓密分枝。秋天有壮观的金黄色叶子。比其他树种生长较快。

六、行道树银杏

行道树银杏品种的良种标准

（1）速生，寿命长；

（2）发叶早、落叶迟，夏季绿、秋季浓；落叶时间短，叶片小而有利于清扫；

（3）冬季树形美、枝叶美、观赏价值高；

（4）叶、花、种实可供观赏，且无污染；

（5）树冠形状完整，分枝点在1.8米以上，分枝的开张度与地平面成30°以上角，叶片紧密，提供浓荫；

（6）繁殖容易，大苗移植成活率高；

（7）适应性强，能在城市环境下正常生长，抗污染、耐瘠薄、抗干旱、耐高温和低温；

（8）抗强风、大雪，根系深，不易倒伏，不易折断干枝及无大量落叶；

（9）生命力强，病虫害少，管理容易。

第三章　银杏栽培技术

一、栽培概述

银杏栽培历史达 3 000 多年，经历了由风景观赏树—用材林—果木林—药用林的认识发展过程。世界各国栽培的银杏都源自中国。目前，我国北至辽宁，南至台湾，东到普陀山岛，西到西藏均有银杏分布。银杏主产江苏、山东、广西、广东、浙江、云南、四川、陕西、甘肃、贵州等省（图 8，图 9，表 4）。由于零星分散，产量难以统计，估计年产白果 1 500 多万千克以上。实生苗栽植 20 年后才能结果，嫁接苗 5 ~ 6 年开始结果。银杏结果期长达千年，一旦植下，惠及子孙。银杏叶的特殊药用成分被发现后，银杏采叶园迅速兴起，总产量上升很快。现在好多城市和公园都把银杏当做观赏植物。

表 4　我国银杏的主要分布区

省份	县（市）	省份	县（市）
江苏	邳州、泰兴、吴县、姜堰、泰州、江都	贵州	盘县、务川、正安、道真、遵义
山东	郯城、文登、海阳	四川	安县、北川、彭州、都江堰
浙江	长兴、富阳、临安、诸暨、安吉	广东	南雄
河南	新县、光山、信阳、峡县、嵩县	福建	浦城、崇安、尤溪、建阳、上杭
湖北	安陆、随州、南漳、孝感、京山、恩施	江西	婺源、德兴、上饶、分宜、赣州
广西	兴安、灵川、全州、桂林	河北	遵化、易县
安徽	金寨、霍山、宣城、歙县、宁化	辽宁	丹东
湖南	祁阳、宁远、道县、资兴、新化、桑植	云南	滕冲
甘肃	康县	陕西	西安、秦巴山区

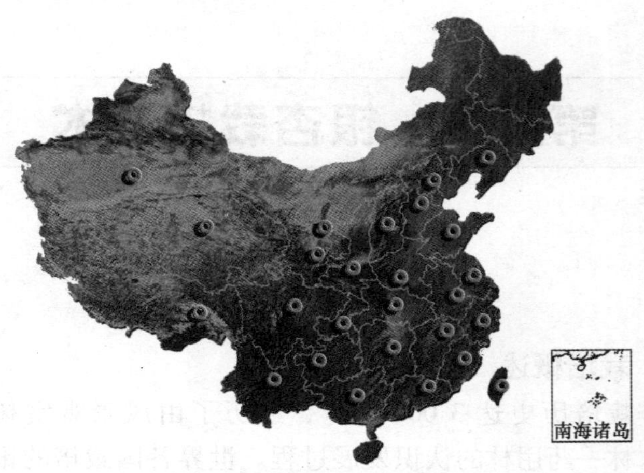

图 8　中国银杏栽培区示意

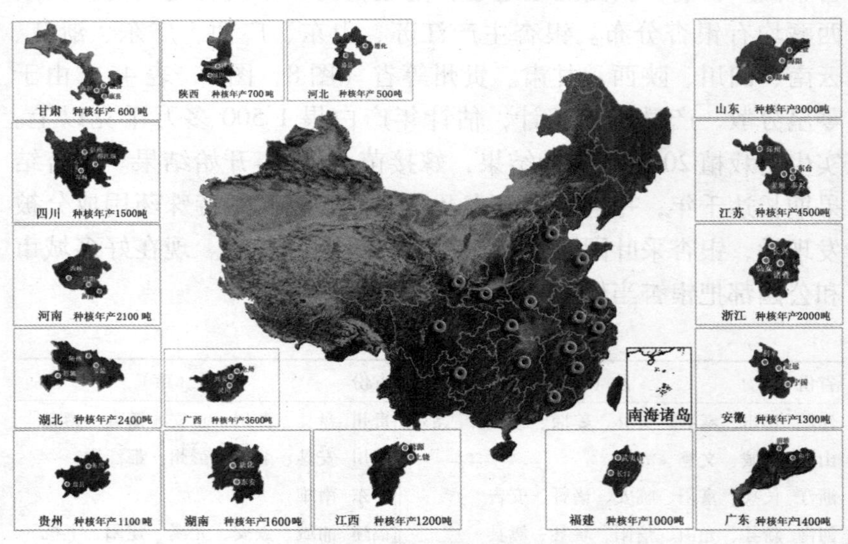

图 9　银杏种核年产 500 吨以上的地区示意

二、育苗技术

银杏苗木培育技术是指在从银杏繁殖材料获取到成苗及出圃全部培育过程中所涉及的各项技术措施。苗木培育技术要求精准化，即各项培育技术措施的实施过程中要做到科学化、规范化、标准化，这是现代苗木培育技术的趋势，也是现代苗木培育的技术措施。目前，银杏育苗的主要方法有播种繁殖、扦插繁殖和嫁接繁殖，其中核用银杏以嫁接为主，叶用银杏以播种或扦插繁殖为主，绿化园林银杏以播种繁殖为主。

（一）播种繁殖

播种育苗是银杏苗木繁殖的主要方法之一，适用于银杏果用园、叶用园、材用林和园林绿化用苗及培育嫁接苗的砧木等，是银杏最基本的繁殖方式。

1. 常规育苗

银杏种子经过贮藏后，到播种前完成后熟阶段，即可播种。以3月中下旬播种为宜。选择高燥向阳、排灌良好的砂壤土做苗圃，秋末施足基肥并深翻，开春每亩施敌百虫3千克，硫酸亚铁10千克进行土壤消毒，平畦作床，宽1～1.5米。宽窄行点播，宽行35～45厘米，窄行20厘米，播深2～3厘米。

常规育苗法的优缺点：方法简单、易于掌握，但出苗较迟且不整齐，苗木生长期短，产量和质量也略差。

2. 快速育苗

培育当年生银杏壮苗的技术较高，但能延长生长期，苗木高、径生长量较大（表5）。具体方法如下。

表5 银杏播种苗壮苗标准

苗龄（年）	苗高（厘米）	地径（厘米）	高径比	主根长（厘米）	侧根数	叶片数
1	20	1.0	20:1	25	30	20
2	70	1.5	45:1	30	35	70
3	120	2.2	50:1	50	144	
4	250	72.5	100:1	750	285	

注：3年生和4年生苗粗度为离地1米处的地径。

（1）种实采集、贮藏和播前种子处理 应选择品种优良、抗逆性强、速生、丰产、树龄在40～100年之间的银杏母树，待种实自然成熟落地后进行采种。要求种实授粉良好、发育正常、粒大饱满、无病虫害。

● 用每千克400粒以下的种子，胚发育好，胚乳大，当年生苗木生长量大；

● 用每千克400粒以上的小粒种子，产苗量大，当年生苗木生长量较小，但如加强肥水管理，第二年及以后的生长量也可以很快提高。

种实采收后经过40～50天，完成生理成熟。贮藏技术如下：将种子置于0～10℃条件下，一般为2～7℃的低温、湿润和适宜的通气条件的环境中。

2月上中旬对种子进行精选和催芽，可以提高发芽率。常用的催芽方法有如下两种。

加温催芽 加温催芽育苗是江苏邳州20世纪80年代普遍采用的银杏育苗技术，可以利用育秧室进行。在播种前10～15天将贮藏的种核从沙中筛出，分层放于棚架上，烧火加温，室内保持温度25～30℃、相对湿度80%，加温4天。待胚根露出至种核长度时分批下地播种。银杏种子发芽不整齐且有10%～25%无胚，故应及时将发芽种子拣出播种，其余的继续催芽。一般发芽率10%时播第一次，以后每5～7天播1次，分4～5批播完。

层积催芽 在向阳处挖深20～30厘米的阳畦，底部铺10厘米细沙，将种沙混合物摊在阳畦内，厚度10厘米，上覆一层细沙，用塑料薄膜搭拱棚密封，保持棚内温度18～30℃，每5～7天喷水并翻动1次，15～20天即可发芽。

催芽过程中，要注意保持相对稳定的温度和湿度，不时翻动，如温度超过35℃时，则要通风降温。当种核陆续发芽时应及时拣种，以后每隔5～7天拣种1次，防止先发芽的种核霉烂。

南阳市林业科学研究所经试验提出，对银杏种核用0.05%浓度的920+1%双氧水浸种24小时后直接播种，能显著刺激种核发芽、促进出苗整齐、提高出苗率，是一种有效的银杏播种催芽新途径。

（2）育苗地选择　选择交通便利、背风向阳、地势高燥平坦、土壤深厚肥沃的地段作育苗地。土壤最适pH值5.5~7.5，土壤质地宜为砂壤土、壤土，土壤含盐量一般小于0.2%。常年地下水位在1.0米以下，有灌溉条件。前茬为马铃薯、番茄、针叶树苗的地块不能作为育苗地。忌连作。

（3）整地与做床

整地和施基肥　整地宜在秋末冬初或早春进行，最好是秋季深翻土地，到春季再做床。秋耕，深度25~30厘米，可翌年春天顶凌耙地、整平。春季整地前每公顷施以90%晶体敌百虫75~100千克，同时加入硫酸亚铁（黑矾）75~150千克（碱性土用量应增大），在机耕时翻入土中、耙平，或稀释成5%的水溶液喷洒床面，以毒杀地下害虫并抑制病菌的生长发育。

整地时，结合深翻，施足基肥，宜施充分腐熟的有机肥75 000~150 000千克/公顷、复合肥1 500千克/公顷（或过磷酸钙375~750千克/公顷），避免施用新鲜有机肥或未经腐熟的饼肥。

做床　南北向做床，床长10~15米，床宽1.0~1.2米。多雨的南方常采用高床，规格为高于地面10~15厘米，床间距30厘米；少雨的北方宜采用低床，规格为埂宽25~30厘米，埂高15~20厘米。

（4）播种时期　根据各地试验，除夏季外其余各季均可播种。但由于秋播、冬播的管理时间长，所以大部分地区采用春播。播种时间，南方为3月中下旬，北方为4月上中旬；未经长时间催芽的种子，则需提前1周以上。江苏省一般在3月中旬播种；干藏后水浸催芽或催芽不彻底的种子，则应提前到2月底或3月初。

（5）播种量 播种密度应根据培育目的而确定，培育当年出圃的苗木时，以每公顷产4.5万株为宜；培育用于嫁接的2~3年生实生苗时，以每公顷产2.25万~3.0万株为宜。播种量的计算方法如下。

$$单位面积播种量（千克/亩^{①}）=\frac{单位面积产苗量（株/亩）}{发芽率\times出苗率\times每千克粒数}$$

（例如：要求亩产苗木3万株，按发芽率75%、出苗率90%计，种子每千克500粒，则播种量为每亩88千克）

近年来，江苏邳州采用高密度育苗，播量达750~1 875千克/公顷，当年每公顷产苗30万~90万株，效果也很好。山东郯城林业局徐敏英等（2001）通过试验发现，1~3年生银杏苗密度分别为每公顷62.5万株、31.3万株和15.6万株时，优质壮苗多，产值高。银杏苗龄与保留密度的关系如表6所示。

表6 银杏苗龄与保留密度的关系

苗龄（年）	株数（公顷）	株行距（厘米）
1	300 000	10×30
2	150 000	20×30
3	75 000	20×60
4	37 500	40×60

（6）播种技术 催芽过程中陆续发芽的种核要随拣随播，播种前切除根尖2~3毫米，随即点播。播种前浇水1次，待土稍干后再开沟播种。开沟深度2~3厘米。点播时，种核胚根向下，种尖横向，这样出苗率高，出苗快，幼苗粗壮。覆土不能过厚，一般2~3厘米，以盖没种子为度。北方如播种较早，应覆盖地膜或塑料拱棚，但要及时在地膜上打孔或去掉拱棚，以免烧苗。试验证明，切断胚根的银杏苗其侧根数比对照植株的多1.39倍，侧根

① 1亩=1/15公顷，后同。

总长增加 1.56 倍，根幅扩大 1.33 倍，根系干重增加 1.3 倍（李家玉，1980），结果如表 7 所示。

表 7 断胚根对 1 年生银杏苗的影响

处理	苗高（厘米）	地径（厘米）	叶片数（片）	直根长（厘米）	侧根总长（厘米）	根幅（厘米）	地下部干重（克）	地上部干重（克）
切断胚根	21.39	0.95	13.60	—	162.30	369.48	6.34	5.66
对照	17.23	0.82	8.60	28.40	103.85	296.28	3.43	4.37

（7）*播后管理* 银杏播种苗的管理是提高出苗率、产量和质量的关键。幼苗出土前后，保持苗床湿润，适当遮荫，5 月上旬炼苗后将拱棚及覆盖物除去。

苗期一般追肥 3~4 次，追肥以施碳铵合算，效果也较好。第一次追肥在出叶 3~4 枚时进行，大约在 5 月中下旬；第二次在 6 月上中旬进行；第三次在 7 月下旬至 8 月上旬进行。操作时先将化肥溶解于水，然后施入圃地中，或开沟施入，施后立即覆盖、浇水。同期，每月进行叶面喷肥 1 次，浓度为尿素 1%~2%，复合肥 2%~3%，但是要与土壤施肥日期隔开。管理中应根据实际需要，结合施肥进行中耕除草，适当遮荫。

银杏出苗后，蛴螬、金针虫等地下害虫危害较为普遍，常用 90% 的晶体敌百虫 500~800 倍液在行间开沟灌注后覆土；或用 1.5% 乐果粉拌土，撒入行间沟中。在 5~6 月，雨后圃地积水，又遇高温时，可用 40% 的多菌灵 800 倍液，或 70% 的甲基托布津 1 000 倍液连续喷洒 3 次防茎腐病。

培育 1 年生壮苗的技术要点为选大粒种、升温催芽、切断胚根、施足基肥。

（8）*大苗培育* 亦称二级育苗。银杏苗生长缓慢，一般 1~2 年生苗高 0.2~0.8 米、3 年生苗高 1.0~1.5 米。如果作为密植早丰园培育苗木，可用 2~3 年生苗；作为防护林、绿化用苗木，苗龄至少要 3~4 年生。

根据苗木规格和苗龄，采用疏移的方式，对2年生苗木分三批抽行去株。第一年（3年生）抽去窄行，每亩保留6 000～8 000株；第二年每亩保留3 000～4 000株，第三年每亩保留1 000株。移出的苗木也按上述同龄苗密度栽植（表8）。

表8 银杏苗龄与保留密度的关系

苗龄（年）	密度（万株/公顷）	株×行距（厘米）	疏移方式	苗高（厘米）	地径（厘米）	胸径（厘米）
1	51.0	6.5×30		15	0.5	
2	25.5	13×30	抽株	100	0.8	
3	13.2	25×30	抽株	150	2.0	
4	3.3	50×60	抽行、抽株	200	2.5	
5	1.65	50×120	抽行	300		2.5～3.0
6	0.825	50×240（或100×120）	抽行	>400		>4.0

（二）扦插苗培育

扦插育苗可保持银杏品种的优良特性，加速良种繁殖，促进早实丰产。目前，银杏的扦插育苗主要包括硬枝扦插和嫩枝扦插。嫩枝扦插的成活率高于硬枝扦插。但嫩枝来源较硬枝来源更为短缺。

1. 插床和基质的准备

（1）基质　常用的扦插基质有细河沙、蛭石、珍珠岩、砂壤土、砂土、炉灰渣和炭化稻壳等。不论采用何种基质，扦插前，一定要用水冲洗干净（砂土、砂壤土例外），再用药剂消毒。

（2）插床　除了圆形插床外，多数情况下插床为长方形，一般长10～20米，宽1～1.2米。在南方用高畦，北方用平畦作插床，土壤以砂土、黄壤或砂壤为宜。土壤用甲醛（福尔马林）或五氯硝基苯溶液消毒后，再用不透气材料覆盖24小时以上，并用清水淋洗，其后通气数天，至无药味时再使用。也可用加盖塑料薄膜的阳畦作扦插床，上面搭设荫棚。阳畦底部铺设2～3厘米厚的卵石、10 厘米碎砖，上面铺粗沙 4～5 厘米，再铺基质，厚约 30～40 厘米。扦插前一周，用 0.2%～0.5% 的高锰酸钾液消毒，每平方米用药液 5～10 千克，最好与 0.2%～0.5% 的甲醛液交替使用。喷药后，用灭过菌的塑料薄膜封盖起来，48 小时后，用清水冲洗 2～3 次，即可扦插。如在营养袋中扦插，基质按上述方法消毒后装入袋中。根据需要，在插床上可架设塑料架和荫棚架。

2. 扦插方法

(1) 硬枝扦插

采集插穗 硬枝穗条采自 30 年生以下母树上的 1～3 年生枝条。秋末冬初（落叶后）采条最好，或于春季扦插前 5～7 天结合修剪、嫁接采条。扦插枝条要健壮、芽饱满、无病虫害。根据王秋明（1986）的试验，根部萌条极易成活，成活率可达 100%；实生树枝条的扦插生根率高于嫁接树；实生树以当年生枝条生根率最高，可达 94%，扦插枝条随着年龄的增加，生根率逐渐降低，即 1 年生 >2 年生 >3 年生；同一枝条上，中部比顶部扦插成活率高。

插穗剪截 插穗长度 10～15 厘米（4～6 个芽），上口齐平，在芽的上方 1 厘米处，下剪口为单马耳形，剪面长 1.5～2 厘米，在芽的对面，马耳形上口离芽 1 厘米，剪口要平滑，不撕裂树皮。将梢部、中部和基部的插穗分别捆起来，特别是带顶芽的梢头插穗要单独成捆。每捆 50～100 根，上下端应一致，不得头尾混放，下端要平齐。

插穗的处理 秋末冬初采的穗条，剪截成捆后，下端在 1 000 毫克/升的 ABT－1、PRA、PRB 生根粉或萘乙酸（NAA）溶液中浸泡 10 秒，深度 2 厘米，或在 100 毫克/升的溶液中浸蘸 30 分钟。取出后，竖于地窖内的干净河沙中，或拱棚阳畦温床中，促生愈伤组织，春季插时取出。春季采条剪截后，按上述要求捆扎成捆，下端浸蘸在 500 毫克/升的萘乙酸滑石粉浆中或生根粉 10 分钟，1 000 毫克/升的萘乙酸或生根粉液中浸蘸 10 秒，取出扦插。

扦插 秋末冬初（在黄河流域为10月底到11月上中旬）扦插，插后要注意防寒，最好的办法是将插穗埋入土中，并培成土垄，再盖10~15厘米厚的草，或架设拱棚（高0.6米左右）。3月上中旬天气渐暖，中午揭开拱棚两头的塑料薄膜，透气降温。4月上中旬逐渐扒开土垄，使插穗上端露出1~2个芽，盖的草仍留着，只将盖着芽的草扒开。

春季扦插在2月下旬至3月中旬进行。江苏泰兴一般在3月中下旬，利用塑料拱棚进行春插的可适当提前。扦插时先开沟，将插穗按预定株行距斜插入土中，或用木质扦插锥打孔，再插入插穗，盖土压实，插完一畦后浇透水1遍，土壤晾干后轻锄1遍，将土轻轻拥向插穗基部，地面露出1~2个芽，压实基质，插穗端不能悬空。扦插的株行距可采用下列3种：10厘米×30厘米、10厘米×20厘米、8厘米×20厘米。

在营养袋中扦插的，以插穗长8~10厘米为宜。扦插时先将营养袋下部打几个洞，便于根系穿出。袋中填入基质后，用木棍插好孔，再插入插穗，填满基质。在苗床中排列前，先在底部垫上20厘米细沙，再放入营养袋。袋的周围、袋上面和袋间隙都应用沙填实。

扦插以后，用麦糠或稻糠、杂草和锯木屑盖在畦床上，在3~4月可以提高地温，保持土壤湿度，有利萌芽和长条，5~6月，又能减少较强阳光的直射，防止灼伤苗条。盖塑料薄膜或在小拱棚中扦插的，要在4月中旬（亚热带）或5月底（黄河流域）撤去塑料膜。要注意加强侧方庇荫。

插后管理 插后管理主要应抓住以下5个环节。

①及时、适量喷水。露地扦插时，除扦插后立即透灌水1次外，若遇连续晴天，则要早晚各喷水1次，保持田间持水量60%~80%，1个月以后逐步减少喷水次数和喷水量。

②遮荫。有条件的以塑料大棚遮荫为好，也可搭遮荫棚。

③追肥。5~6月份插穗生根后，用0.1%的尿素或0.2%的

磷酸二氢钾液进行根外追肥，15～20 天 1 次，也可用薄粪水（粪∶水 =1∶10）浇地。

④病虫害防治。用 0.2% 的呋喃丹兑水喷洒防治地下害虫，用敌杀死 3 000 倍液防治食叶害虫。6 月份起每隔 20 天喷 1 次 5% 的硫酸亚铁液，预防茎腐病。

⑤移栽。露地扦插成活的幼苗，落叶后至翌年萌芽前可直接进行移栽。用塑料大棚等保护地扦插的，或用营养钵扦插的，大约在扦插后 70 天（亚热带）至 80 天（暖温带）移栽，移栽前要炼苗 10～15 天。炼苗所采取的措施是：在保持基质一定湿度的情况下，逐渐减少喷水次数和喷水量，使基质含水量逐渐降低，但中午高温强光之际，仍要喷水，以防止嫩枝被晒伤，在 10：00 以前和 16：00 以后，撤去遮荫物。未用营养钵扦插的，不要过早移苗。虽然密度大，但是银杏幼苗群聚性强，只要肥水适量，当年根系能长到 30 厘米，新梢长到 15 厘米。为防止茎腐病发生，每 15～20 天喷 1 次 800 倍液退菌特。翌年春季再移植，做二级育苗。

（2）嫩枝扦插　嫩枝扦插也叫绿枝扦插，大都是在保护地的条件下扦插，也叫保护地扦插。其主要技术环节如下。

采穗条　嫩枝采条通常在 6 月下旬至 8 月上旬进行，半木质化枝条在 8 月中旬至 10 月份采条。母树为 2～15 年生的苗木和幼树的 1 年生枝。优良实生变异类型树上的当年生枝及嫁接树上的当年生枝也可作穗条，穗条粗度一般为 0.5～1.0 厘米。

插穗剪截与处理　将上述穗条在室内剪成长 10～15 厘米、含 3～4 个芽、保留 2～3 片叶的穗，按基部、中部、梢部等部位的不同分别捆扎，每 50 枝 1 捆，下端平齐，放在 1 000 毫克/升的生根粉或萘乙酸溶液中速浸 10 秒，或在 200～300 微升/升浓度中浸蘸 20 秒，或在 1.0×10^{-4} 浓度的 ABT1 浸泡 1 小时，取出后扦插（表 9）。

表9 不同处理的扦插苗的成活情况 (%)

枝龄	1.0×10^{-4}浓度的ABT1浸泡1小时			对照（清水处理）		
	实生枝条	嫁接母树枝	平均值	实生枝条	嫁接母树枝	平均值
1年生	94.0	88.7	91.4	65.0	62.0	63.5
2年生	80.3	78.0	79.2	55.3	53.0	54.2
3年生	71.0	68.0	67.7	50.0	45.3	47.7
平 均	81.8	78.3	80.1	56.8	53.4	55.1

扦插 扦插时间以8月初为宜，此时半木质化嫩枝插穗生根率最高，可达100%；7月份枝条由于木质化程度差，生根率低，只有50%。一般采用直插，单芽及双芽的插穗全部埋入基质中，3芽以上的插穗，插入基质中的深度为5~8厘米。嫩叶不能接触到基质，以免烂叶。扦插时先用木棍穿洞，再插入插穗，压好基质，插完一畦后浇透水1次，使基质与插穗密接。株行距5厘米×10厘米。嫩枝扦插后，60~80天根系即可长成。

插后管理 扦插后要求基质的含水量保持在75%左右，空气湿度保持在80%以上（棚顶塑料薄膜上积聚较多小水珠且水珠不掉落之状态），温度控制在24~26℃，透光率在5月以前宜保持20%~30%，6~8月则以保持10%的透光率为宜。根据天气情况，每天结合喷水，揭开塑料膜，使棚内通风透气。遇高温天气，中午要喷水1~2次以降温保湿。及时防病治虫。一般情况下，插后25天左右即可生根，1个月左右可进行炼苗。炼苗期间控制喷水次数和喷水量，增加通风次数和强度，逐步揭掉塑料薄膜。6~7月嫩枝扦插虽然生根，地上部分略有生长，但是十分脆嫩，抗性极弱。8月以后扦插的插穗，只生根，不长枝。扦插当年不移植，翌年春季移植。

（三）嫁接苗培育

嫁接育苗是目前国内外繁殖银杏优良品种的主要方法，可以保持优良性状，使银杏提早结果，达到“矮、密、早、丰”。嫁接苗由砧木和接穗两部分组成。生产上常用砧木来增强接穗品种的适应性和抗逆性，并可调节生长势。利用接穗品种的稳定优良性状，可以保持固有的生物特性和果实经济性状（图10）。

图10 银杏优良品种嫁接苗繁殖基地

1. 砧木和接穗的准备

（1）砧木的选择 砧木多用2～20年生的实生苗和幼树。用实生苗作砧木，以2～3年生，地径1.1～1.5厘米以上，高度0.8米以上的苗木，嫁接成活率高，生长旺盛。

（2）接穗采集 雌性嫁接苗的接穗要从早实、丰产、品质优良的30～40年生盛果期母树上或从良种采穗圃中采集；还需要培养一部分雄性嫁接苗，为采叶林、城乡绿化及以生产木材为目的的速生丰产林的营建提供材料，其接穗采自30～40年生、健壮无病虫害的雄树。剪取发育充实、芽饱满的1～3年生枝条。采穗部位为树冠中、上部，或树冠向阳面的外围枝条。

接穗的采集时间在落叶后至早春萌动之前均可进行。芽接接穗可随采随接。在接穗采集时，要注意雌、雄株的选择。

采穗母树应具有下列特性。

● 坐果率高：凡有结种能力的短枝，平均结种率不得少于1.2粒，或每平方米树冠投影面积种核产量不少于2千克。

● 种子品质优良：种子大小均匀，平均每千克种核不多于250粒，出籽率25%以上；出仁率70%以上。种仁淀粉含量65%以上，糖分含量6%以上。

● 早结实：在一般栽培条件下，嫁接苗定植后第三年，有60%～80%的植株开始结种，10～15年生，单株可产种核5～10千克，2～3年生短枝有好的结种能力，短枝连续结种15～20年不衰败。

● 抗逆性强：如抗旱、抗病虫害等。

（3）接穗贮藏　在接穗采集后如不及时嫁接，应立即蜡封和贮藏。蜡封的办法是：先将采回的银杏枝条，按每2个芽剪成一段，长7～10厘米，上端对齐放好，将剪好的接穗顶端迅速在蜡液中蘸一下，再按每50～100根绑成一捆即可。需要注意的是蜡的温度（90～100℃）不能过低，否则封蜡太厚，影响芽的萌发。接穗蜡封后，分品种挂好标签，在3～5℃温度下进行沙藏。

2. 嫁接高度

银杏树的嫁接高度随着栽植目的和要求而异，可分为矮干、中干、乔干3个类型。30～50年生以上的大树，甚至已达数百年的大树绝大多数以乔干为主，主干多为2米上下，嫁接方法多为抹头劈接，群众简称“劈头接”或“拦头接”。而山东郯城县港上乡王乔村采用的层接法，是把大枝一层一层向上嫁接，这既培养高干用材，又能生产一定数量的种子，达到果材两收的目的。在云南、贵州、广西、四川等地，由于气温高，雨水多，习惯于低干嫁接，定干高度只有20～40厘米。由于矮干弊病较多，嫁接高度从80厘米提高到120厘米，甚至提高到150厘米。为了增加前期间作效益，减少移栽，银杏栽植改进为果材两用，因此成片园的密度也随之降低，嫁接高度又提高到2米，甚至到2.5米处嫁接或采取层接，行道树则在3米以上嫁接或采取层接，庭院栽植时，嫁接高度宜超过围墙，房前屋后栽植的银杏可根据需要而决定嫁接高度。

3. 嫁接时期（表10、表11）

（1）春季嫁接　自早春解冻至砧木发芽的这一段时间内均可进行嫁接。但需根据砧木离皮的状态而选用不同的嫁接方法。一般来说，砧木离皮前可用劈接、切接、腹接、舌接、带木质部芽接（嵌芽接）等方法。离皮后，又可增用插皮接、“丁”字形芽接等方法。在砧木和接穗均能离皮时，还可增用方块套芽接和插皮舌接。

(2) 夏季嫁接　夏季嫁接也称绿枝嫁接，时间自6月中旬至9月上旬均可进行。此间以6月中旬至7月中旬的成活率最高。7月中旬至8月中旬次之，8月中旬以后效果较差。绿枝嫁接常用劈接、切接和芽接。若用单芽接很易形成偏冠，因而生产中常采用双芽或三芽嫁接。所用接穗的上口应严格封蜡，以防水分丧失。

(3) 秋季嫁接　时间自9月中旬至10月上旬。以芽接为主。但接后芽砧之间仅能当年癒合而不能发芽。秋接的接穗封蜡可提高成活率，来年抽枝十分旺盛。秋接法多适用于长江以南冬季温暖的地区，而北方较少应用。

4. 嫁接方法（表10、表11）

银杏的嫁接方法很多，最常用的为枝接和芽接2种。枝接包括劈接、切接、腹接、合接、舌接、插皮接、插皮舌接等方法。芽接包括嵌芽接、T形芽接、方块芽接等方法。劈接为春、夏、秋三季银杏小砧嫁接最常用的方法。其优点是应用时间较长，操作简便，成活率高。现简要分述如下。

(1) 劈接

①削接穗。先在接穗底芽之下0.5厘米处的两侧各削一刀，削面呈长楔形，上厚下薄，长度约3~4厘米。有芽的一侧厚些，无芽的一侧薄些，削面一定要光滑平整。为保证接穗插入时不致发生劈裂现象，应在削口下端较厚的面，于0.2厘米处向内斜削一刀，再在较薄的一面于0.5厘米处也向内斜削一刀，两刀相交处呈薄片状（图11）。

②切砧木。选好嫁接的部位，将砧木剪断或锯断，并削平切口。在树皮较为光滑的一面通过砧木髓心向下垂直深切一刀，切口长度应较接穗削面略长。

③插接穗。左手紧握砧木，用拇指靠在切口上，右手持接穗，将稍厚的一侧（有芽的一面）朝外，较薄的一侧向内，慢慢

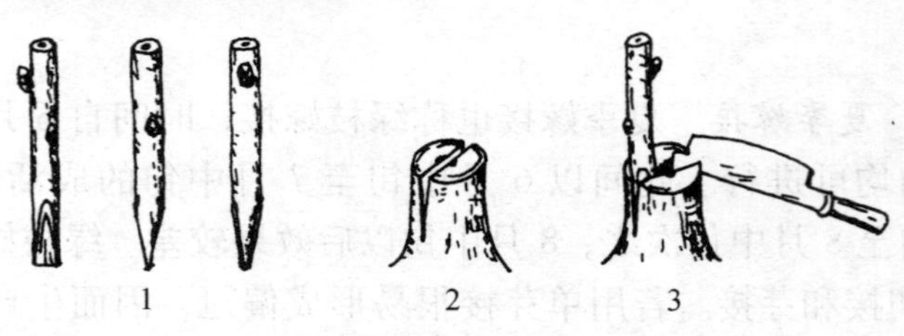

图11 劈 接

1. 削接穗 2. 砧木切口 3. 插接穗

插入砧木的切口之中，此时拇指应跟着接穗逐渐向下滑动，使接穗和砧木的形成层紧密吻合。接穗削面留 0.3 厘米长的削面露于砧木之外，即通常所说的“露白”。

④绑扎。银杏嫁接多为高位嫁接。在众多的绑扎法中以“不松绑的绑扎法”效果最好。其具体方法是：选用同砧木切口宽度相当的薄塑膜，先在接口上绕两周把口扎紧，然后封闭上口。此时可将薄塑膜的外侧轻轻拉开，内侧保持原状，将插口处全部封闭后再向下绕绑，环环相扣，直至超过切缝。此法多用于粗度在 2 厘米以上的砧木。

（2）切接

①削接穗。切接的接穗也由两刀削成。一刀为长削面，一刀为短削面。长削面又有两种削法。一是在接穗底芽背面 0.5 厘米处削一长 3 厘米之长削面。二是先把刀以 30°角向内下刀，待刀至接穗粗度 1/3 或 2/5 处，再将刀口转而垂直平削，长度亦为 3 厘米。短削面则在接穗底芽之下削一长 0.8 ~ 1 厘米长的短斜面（图12）。

②切砧木和插接穗。在嫁接部位截干，削平截口，选平滑的一面从截口中心一侧垂直向下切一刀，长度与接穗削面长度相等。将接穗插入切口，长削面紧贴砧木木质部，短削面向外。长削面两边的形成层与砧木切口两边的形成层对准、靠紧。如接穗较细时也必须有一边的形成层对准、密接。接后的绑扎与劈接相同。

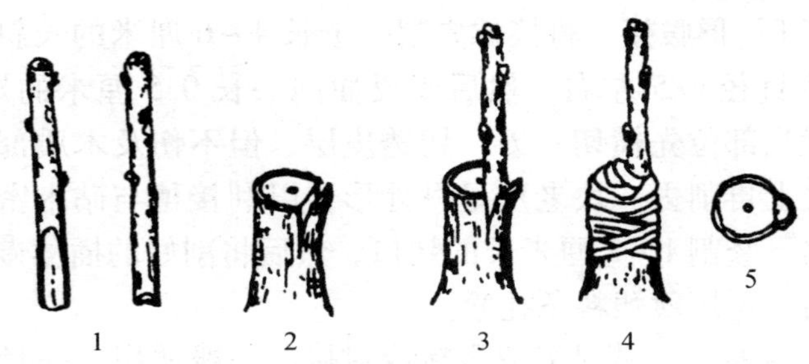

图12 切 接

1. 接穗削面及背面 2. 砧木切口 3. 插接穗
4. 绑缚 5. 接穗和砧木形成层对齐

(3) 腹接 腹接系不截砧冠的枝接法。又可分为不剪砧和(嫁接成活后)剪砧两种方法。前者称“腰接”、后者称“切腹接”。腰接多用于银杏大树上嫁接授粉雄枝或填补树冠残缺部位。切腹接多用于苗木嫁接。腹接可采用单芽或双芽。为防发生位置效应，腹接用于苗木时，上芽必须朝向砧木。填补树冠空缺时，上芽则应朝向砧木之外。

腹接中因削穗方法不同，又分为平腹接、斜腹接、“T”形腹接等。

①平腹接。在接穗下端先削一个长2～2.5厘米的长削面，端部深达穗粗的2/3。再于背面削一短削面，长度较长削面约短0.5厘米。在嫁接部位切一平斜切口，深达木质部的1/3，长度与长削面相等。插入时应将一侧的形成层对准、密接。然后用塑料条绑扎。成活后剪砧，可育成主干较直的嫁接苗木。

②斜腹接。接穗削法同上。但两个削面间应明显的一侧厚一侧薄。再于砧木的适当位置斜切一刀，深达木质部的1/3。切口外深内浅，外深应与接穗的长削面相等。插穗时短削面向外，长削面向内（厚侧面在外，薄侧面在内)。形成层相互对准、密接，并绑扎。此法多用于填补大树树冠空缺部分，因此角度可大些，但壮芽应向外，成活后不剪砧。

③“T”形腹接。将接穗先削一个长 4~6 厘米的长斜面，至下端深达直径 4/5 左右，然后于反面削一长 0.5 厘米的短斜面。选砧木适当部位先横切一刀，切透皮层，但不伤及木质部，并于横切口之上再削去一块老皮呈月牙形，以利接穗与砧木密接。在横切口之下竖割 1~2 厘米长的切口，然后将削好的插穗慢慢用力插入皮内，再用薄塑料条扎紧。

（4）舌接　舌接又名双舌接或对接。一般适用于砧径 1 厘米左右，且砧、穗粗细大体相同的情况下。

①削接穗。在接穗底芽背面先削一长约 3 厘米的斜面，在斜面底端再由下部 1/3 处向上劈一切口，长约 1 厘米，呈舌状。

②削砧木。选砧木的适当部位剪截，然后在一侧也削成 3 厘米长的斜面，再从斜面顶端由上向下约 1/3 处，顺着砧干向下劈一切口，长约 1 厘米，呈舌状，使砧、穗两个斜面的舌位相互对应，接时可以彼此交叉。

③插接穗。将接穗的劈口向下插入砧木劈口，使砧、穗的舌片交叉对接，相互咬紧，对准形成层。如粗度不同时，至少要有一边的形成层对准，再行绑扎。由于这一接法的接合部位十分牢固，因而成活率极高，且不怕风吹摇动。因而目前各银杏产区广泛应用。

（5）插皮接　此法可用于大小砧木，不限粗度。但一般砧木粗度在 2 厘米以上者均用插皮接。应用时间可自春季树液流动至砧木萌芽后一周之内均可采用。

①削接穗。在底芽下部的背面 0.5 厘米处向下削一长 3~4 厘米的斜面，在另一面下端削一个长 0.5 厘米的斜面，在短斜面两侧再各轻削一刀，形成尖顶状，然后在长斜面两侧也各轻轻削上一刀，但仅削去皮层，露出形成层部分（图 13）。

②削砧木和嫁接。选砧木适当部位剪断或锯断，削平剪口，选皮层较为光滑的一面，在剪口处轻轻横削一刀，随之纵割一刀，深达木质部。同时从刀缝处将皮向两侧挑开，把接穗的长削

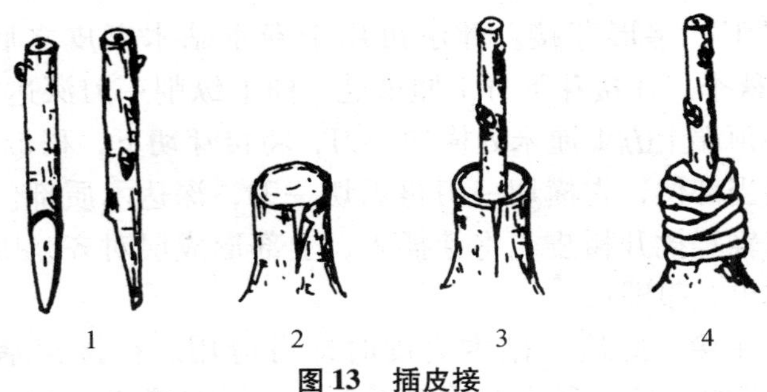

图13　插皮接

面对向砧木的木质部轻轻向下插入，接穗上部可稍“露白”。根据砧木粗细，可嫁接1～4个接穗。

③绑扎。由于此嫁接法适合于较粗砧木，因此，要保证伤口的良好愈合，根据江苏省邳州市银杏研究所的经验，插皮接的包扎方法可分为一个接穗包扎法和多穗包扎法。一个接穗包扎法的具体做法是：先准备两块吸水软纸和一块塑料薄膜，其边长需等于砧木的直径再加10～12厘米。包扎时先将软纸和塑料薄膜从一侧用刀向中间划开至全长2/5处，用时先将纸的开口处套向接穗，紧紧包在嫁接部位，再套上方块塑料薄膜，包好后扎紧。为防接穗松动可加绑固定拉线。多穗包扎法的具体做法是：根据接穗的个数和方位，事先将吸水软纸和塑料薄膜用刀划开，插上接穗后即行套入、包紧。然后从上至下扎紧。最后绑上固定拉线，将几个接穗相互拉紧即可。

（6）*芽接*　用于银杏的方法包括方块状套芽接、“丁”字形芽接（带木质部）和嵌芽接三种嫁接方法。

①方块状套芽接。此法仅在砧、穗均能离皮时方可应用。接芽多采自3～4年生枝。在芽的上下各1厘米处，两侧各0.5厘米处，横向和纵向各割一刀，深达木质部，将芽片小心取下，含于口中保湿（芽片不带木质部）。然后选定砧木适当部位，按照接穗芽片的大小，同样方法将芽片取下，然后将接穗芽片贴于砧木芽眼，贴芽时一定要使芽片的凹处对准砧木芽轴，然后扎紧。

②"丁"字形芽接。此法可用于春季砧木离皮之后或8~9月间的秋季。在接芽下方1厘米处，向上纵削一刀深达木质部，再于接芽顶端上方1厘米处横切一刀，将接芽切下，稍带木质部。选砧木适当部位，先横切一刀再纵切一刀，深达木质部。从切口缝中用刀轻轻挑开树皮，将芽插入，上部形成层对齐，用塑料带扎紧，露出芽眼即可。

③嵌芽接。此法在砧木离皮时即可应用。在接芽基部下方1厘米处横切一刀，深达木质部1/3处，再在接芽上方1厘米处向下纵削一刀，把接芽取下，尽量多带木质部。选砧木适当部位，切出与芽片大小相等的切口，将芽片贴入砧木切口，对准形成层。用塑料带扎紧，露出芽眼。此法近似于方块状套芽接。但此法芽片带木质部为其不同之处。

(7) 双砧嫁接（桥接） 双砧嫁接又称多砧嫁接或桥接。多用于大树机械损伤、家畜啃伤树皮及银杏盆景等方面。此法的要点是先在被损伤的大树周围栽上银杏小苗，把树苗的上端削成马耳形斜面，再插入伤口上部的皮层内，使双方形成层密接。插好后用绳绑紧或用小钉钉牢，再涂上黄泥或蜡封，以防止树体摇动。砧苗的数目可视树的大小而定，一般可用3~4株，个别情况下可应用多株。

(8) 其他的嫁接方法 近年来对于银杏的嫁接方法，各地都进行了大量的创新和试验，也取得很多有价值的成果。银杏的高接换头就是在当前银杏大树上由于需要改接优良品种或补接授粉雄枝等而采取的一种措施。严格地说不是具体的嫁接方法。但目前实际生产中经常使用。因此，也就放在此处单独的说明一下。目前，银杏的高接换头有如下三种方式，即大抹头、单枝接和分层枝接。

①大抹头。此法多用于主干直径在10厘米以内的银杏壮年树。方法是根据要求先将主干截断，在截面上嫁接2~4个优良品种的接穗。

②单枝接。此法多用于主干直径10厘米以上树龄较大的银杏壮年树。由于树上的骨干大枝已经形成，可利用这些骨干大枝进行断枝嫁接。优点是伤口小，易愈合，接后很短时间即可形成树冠并能及早的进入开花结果阶段。

表10 不同银杏产区适宜的嫁接时期和方法

地　区	嫁接时期	嫁接方法	成活率（%）
广西桂林	2月下旬至3月上旬	切　接	90
	9月中旬至10月中旬	腹切接	95
浙江临安	3月、8月、9月	劈接、贴枝接	93～100
浙江富阳	9月上旬	方块芽接	80
浙江长兴	4月上旬	抱腹接	94
江苏泰兴	3月中旬至4月中旬	插皮接、荞麦壳式接	95以上
	8月、9月上旬	劈接（嫩枝接）	98
江苏宜兴	3月上旬	封顶插皮接	92～100
江苏江宁	8～9月	方块芽接	94
江苏邳州	9月上旬	带木质部芽接	94.5
江苏新沂	7月上旬	劈　接	97
山东郯城	4月、8月	劈接、插皮接	98
山东泰安	4月上旬	劈接、双舌接	95
	8～9月	方块芽接	95

③分层枝接。此法多用于高大的成年大树或材、果兼用的银杏树株以及雄树上嫁接雌性枝条等。此法原则上保留原有的树冠不动。只是在每层的粗大枝条上进行改接换头。嫁接部位多在大枝基部20～30厘米处。为促进愈合每枝可嫁接2～4个接穗。并且要逐年分层嫁接，以利树木的旺盛生长。

表11 银杏嫁接方法分类表

类型	接穗	嫁接方法	嫁接时间	适宜地区
枝接	1~3年生木质化枝条	劈 接	砧、穗未离皮及8月以后	各 地
		切 接	砧、穗未离皮及8月以后	各 地
		改良切接	3月下旬至4月上旬	浙江诸暨
		单芽切接	2月下旬至3月上旬	广 西
		芽苗砧接	2~3月	河 南
		荞麦壳式接	砧木离皮、穗未离皮	江苏泰兴
		插皮接	砧木离皮、穗未离皮	各 地
		插皮舌接	砧、穗均离皮	山东郯城
		贴枝接	砧、穗均未离皮	浙江临安
		合 接	砧、穗均未离皮	浙江临安
		舌 接	砧、穗均未离皮	山 东
		袋 接	砧、穗均未离皮	山 东
		双砧接	早春、秋季	广 西
		皮下腹接	春 季	广 西
		单芽腹接	春 季	广 西
		高头换接	春 季	山 东
	半木质化枝条	绿枝嫁接	8~9月	江苏泰兴
芽接	芽	"T"形芽接	生长期内	山 东
		方块贴芽接	生长期内	各 地
		长块贴芽接	树液流动后	浙 江
		带木质部芽接	树液流动后	江 苏
根接	木质化枝条、树干（根作砧）	根皮插枝接	立春后	江 苏
		皮接装根法	立春后	江 苏
		合接法	立春后	江 苏

高接换头的时间应以春季为主。嫁接方法可采用劈接、插皮接、插皮舌接等。根据需要灵活选用。改接换头的树株，如周围无银杏雄株，应适当改接一部分雄枝（1～2枝）。除大抹头的改接方法外，其他两种方法原则上应将所有主干枝条全部改接，待成活发枝之后，再视生长情况和通风透光程度通过修剪加以去留，以保证形成良好的树冠。

徐庚春等的试验认为，采用“生理错位法”可有效地提高春季嫁接的成活率。其具体方法是在冬季气温最低时剪取接穗，置于0℃的低温条件上贮存，温度不可忽高忽低。在砧木发芽之后，甚至叶片展开之后再进行嫁接。无论采用哪种嫁接方法，成活率均高。错位时间越大，成活率越好。直到6～7月份仍可以嫁接。

无论哪种嫁接方法，都必须严格把好以下几个关键环节以提高成活率。

①在枝接时，形成层要对准，削面要适当增大，也就是要增加接穗和砧木间形成层的结合面，增加愈合面积。

②嫁接速度要快，不管是枝条还是芽接，削面暴露在空气中的时间越长，削面越容易氧化变色，从而影响分生组织的形成。

③砧、穗结合部要绑紧，使两者紧密相接，促进成活。

④对嫁接后的结合部位，要保持一定的温、湿度，为伤口愈合创造条件。目前生产上常用塑料袋绑缚，套塑料袋或用湿土封埋结合部等方法，都是保温、保湿的有效措施。

5. 嫁接苗的管理

嫁接后15～20天可检查成活情况，对确定未成活的应及时补接。嫁接成活后，对芽接的嫁接砧，要及时剪砧和抹芽。芽接苗在早春发芽前，应在距离接芽上方1厘米处剪去砧木的上部。枝接苗，在接穗芽萌发后，只保留1个健壮的芽，其余的全部抹去。嫁接成活后要及时松绑。新梢抽出20厘米后应设立柱保护，防止风吹折断。生长季节中要随时抹除砧木上的萌芽，一般要进行

3~4 遍。由于银杏生长期短，要经常松土、施肥、适时灌水。

嫁接苗的抚育管理除以上内容外，还应及时进行遮荫、中耕除草、施肥、灌溉及防治病虫害等工作。具体见播种繁殖的播后管理。

三、移栽

（一）园址的选择

选择园址要求土层深厚、土壤肥沃、排灌方便、阳光充足，坡度不超过 15°，以平缓地和坡度 3°~10°的缓坡地最佳。在山区、丘陵地带，可以根据条件，建片状密植小区。在规划丰产园时，应设防护林、排灌系统及道路。在丘陵地和河滩沙地，需通过深翻改土来加厚土层、改良土壤性状。深翻应达 80 厘米，条件好的最好深翻 1 米。采用带状整地，深宽各 1 米。深翻后待底土熟化，可结合施肥进行回填。平整土地、灌水、再平整后，挖定植穴。

（二）栽植密度

一般在肥水条件好的地方栽稀些，肥水条件差的地方栽密些。每亩栽 110 株（株行距 2 米×3 米），栽后第八年隔行疏移；每亩栽 55 株（4 米×3 米），第十二年疏移。这种方法可以获得单位面积早期丰产和连年丰产，土地利用率高，便于集约化经营管理。每亩栽 55 株（4 米×3 米），单株产量高，寿命长。

（三）栽植技术

银杏宜于10 月下旬至11 月下旬或 3 月中下旬栽植。穴深 50 厘米，穴底挖松 15 厘米，每栽植穴中施土杂肥 50 千克、过磷酸钙 0.2~0.5 千克，与土壤混合均匀，上面再覆土 10 厘米。苗木放入穴中，按前后左右对齐成线的要求确定好位置，栽稳，填土踏实，同时轻轻提苗，以苗木在圃中原有深度为准。充分灌足水，并培土护苗，栽植穴应高于地面 20 厘米。栽时按雌雄为20:1

的比例搭配“晚花型”雄株。

移栽三要点

● 选用优质壮苗、大苗。要求径粗与高度之比为1:50以上、2~4年生、高1.5米以上、嫁接部位粗1.5厘米。

● 尽量带土移栽，保持根系完整。

● 不能带土移栽的苗木，可用ABT3号生根粉500毫克/升溶液蘸根后栽植。

四、田间管理

1. 中耕除草

每年采用全面松土除草的方式中耕除草4~5次。一般松土除草的深度为5~15厘米，加深时可增大到20~30厘米。建园初期，苗木根系分布浅，松土不宜太深，随幼树年龄增大，可逐步加深；土壤质地黏重、表层板结、幼林长期失管或特别干旱的地方，可适当深松。

松土原则 里浅外深；树小浅松，树大深松；砂土浅松，黏土深松；土湿浅松，土干深松。

2. 科学施肥

定植后3年内，坚持勤施薄施的追肥原则，一般从4月上中旬春梢萌发开始，每隔40天株施复合肥50~100克，或尿素+硫酸钾50~100克，或腐熟人畜粪水4~8千克，化肥和农家肥应间隔施用。施用方法以放射状浅沟对水淋施较为理想（图14）。

定植后4~5年（挂果前）则要增施磷肥，一般可在3月中旬、4月底、6月初追施复合肥500克或尿素250克+硫酸钾100克+过磷酸钙150克，离树蔸30~40厘米处开20厘米深双环状沟（图14），沤制麸肥对水淋施。

进入结果期后，需肥较多，要加强有机肥的施用，以保证丰产稳产。每年施肥4次，第一次在3月中旬，以速效肥为主；第二次在5月上旬，以磷钾肥或复合肥为主；第三次在6月中下旬

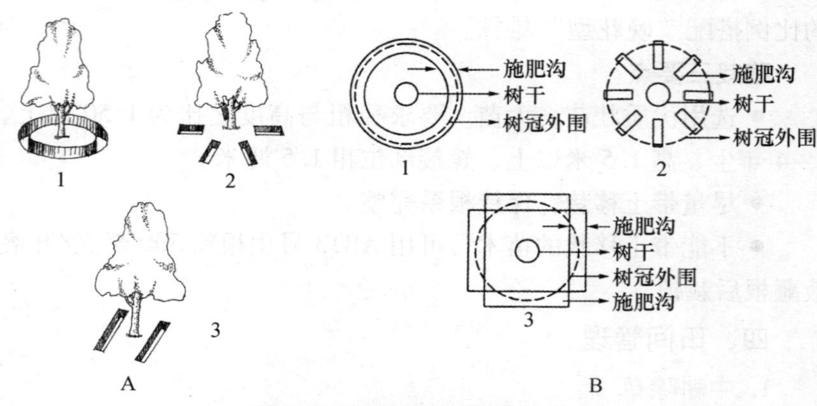

图 14　不同银杏土壤施肥方法

1. 环状沟　2. 放射状沟　3. 条状沟

施壮果肥，氮磷钾配合腐熟人粪尿深沟施（图 14）；第四次在 9 月下旬采果后施沤制鸡、鸭粪肥加草木灰或沤制厩肥加麸肥水深沟施。另外，每年结合全园深翻改土施用猪、牛栏粪或绿肥、杂草，适当加施钙镁磷肥与石灰，以改良土壤。

挂果树每年根外追肥 3 ~ 4 次。用 2% 过磷酸钙、0.5% 磷酸二氢钾、0.5% ~ 1.0% 复合肥混合溶液或 0.5% 尿素 +0.3% 的磷酸二氢钾肥水溶液在嫩叶老熟前、幼果生长期、果实速长期喷洒叶面，效果明显（表 12）。

表 12　叶面喷肥的种类和浓度

肥料种类	喷洒浓度(%)	肥料种类	喷洒浓度(%)	肥料种类	喷洒浓度(%)
尿　素	0.3 ~ 0.5	草木灰	1.0 ~ 2.0	硫酸锌	0.1 ~ 0.2
硝酸铵	0.3	硫酸钾	0.5	硫酸锰	0.05 ~ 0.1
过磷酸钙	0.5 ~ 1.0	氯化钾	0.3 ~ 0.5	硫酸铜	0.01 ~ 0.02
硝酸铵	0.5	柠檬酸铁	0.1 ~ 0.2	硫酸镁	0.1 ~ 0.2
磷酸二氢钾	0.2 ~ 0.5	硫酸亚铁	0.2 ~ 0.3	硼　砂	0.1 ~ 0.2
复合肥	1 ~ 2				

3. 整形修剪

剪去根部萌蘖和一些病株、枯枝、细枝、弱枝、重叠枝、伤残枝，直立性枝条，夏天摘心，掰芽。修剪宜轻，先促后缓，促缓结合，早开张角度，早培养结果枝组，以均衡树势，迅速扩大树冠，早成形。目前，秋末采叶时，尽量避免剪伤腋芽。

(1) 修剪与整形的原则

● 利于丰产。要在全面了解银杏生长规律的基础上，去弱留强，保留主、侧枝数量适当，随枝造形，以利于丰产。

● 修剪适度。修剪的目的在于使树冠结构合理，通风透光条件好，结实面大，有利于丰产，不能修剪过重或过轻。

● 因地制宜，因树而异。

(2) 修剪时期 分为冬季和夏季，冬剪是在落叶后至翌春发芽前进行，故称为休眠冬剪。北方气候严寒在土壤刚结冻的初冬或土壤开始解冻的春季修剪。在南方，冬剪的时间长。夏季修剪，主要是抹芽、摘心、环割、环剥等。

(3) 不同龄银杏的修剪

● 幼龄树的整形与修剪。首先，确定好主干高度，然后在春季萌发前在确定的高度处剪截，选用带 2 ~ 3 个饱满芽的优良种结穗进行嫁接。

● 盛种期的整形修剪要因树制宜，疏密留稀，疏弱留强。

4. 促进挂果技术

(1) 环剥（割）技术 对银杏嫁接 4 ~ 5 年的定植园，除正常管理技术以外，进行环剥（割）是控制主枝、长枝由营养生长转入生殖生长，促使早花早果的关键，合理应用环割技术，对过粗过旺的枝进行适度环剥，能收到较好的效果。

时间和方法 6 月下旬至 7 月上旬，环剥时要选晴天，运刀要快，用力要适当，深度刚达木质层而不伤木质部，每圈刀口线要对齐，不可错口，上圈刀口要向下斜，下圈刀口要向上斜，以防下雨造成伤口霉烂。环剥宽度一般为干径的 1/10，剥后刀口上下两端的韧皮部组织应紧贴木质，不可翘起露缝。被剥中间部分一定要把韧皮剥净，不能有一线之留。

（2）人工授粉 人工授粉是银杏丰产、稳定的关键措施，也是解决银杏成龄大树产量低而不稳的有效手段。

①花粉的采集与处理。适时采集花粉是授粉的关键。银杏花粉成熟期约在3月底至4月中旬。采集前派专人精心观察，如发现雄花序由青色转成淡黄色时，即花粉囊开裂前1~2天，立即组织突击采收。

采集花粉时，应选择生长健壮、无病虫害、花序大、花粉囊饱满、花粉产量较高的银杏雄株。银杏雄树“花序”由绿色转为淡黄色时即可采摘。采集后，可采取以下方法对雄花进行处理，使之散出花粉，散出的花粉用洁净纸包好后放在阴凉、干燥处备用。

石灰干燥法 将采集到的雄花穗用纸包好，置于盛有生石灰的容器中，利用生石灰的吸湿作用，促进花粉成熟、开裂并散出花粉。

晾晒干燥法 将雄花穗放在光滑的白纸上，置于阳光下晾晒，注意经常翻动，直到花粉散出。也可置于室内通风处晾干，使花粉散出。特别要注意花粉散出后，不能再晒，否则花粉将失去活力，影响授粉效果。

烘干法 将雄花穗置于烘箱中或采用人工加热的方法，进行烘干，直到花粉散出。一般在25℃左右。花粉散出后，连同花穗一起包裹好，置于4℃左右的冰箱中保存，或置于通风、凉爽的地方保存。切忌保存时间太长，否则花粉将失去活力。

②确定授粉时间。谷雨前后，当雌花顶端出现小水珠时，即为雌花盛开的标志。3月下旬至4月中旬，当树上有50%~80%的胚珠完全成熟时即可进行授粉；如逢结果小年，授粉时间可推迟到树上有70%~80%的胚珠完全成熟时进行授粉（图15，图16）。

图 15　银杏雌花

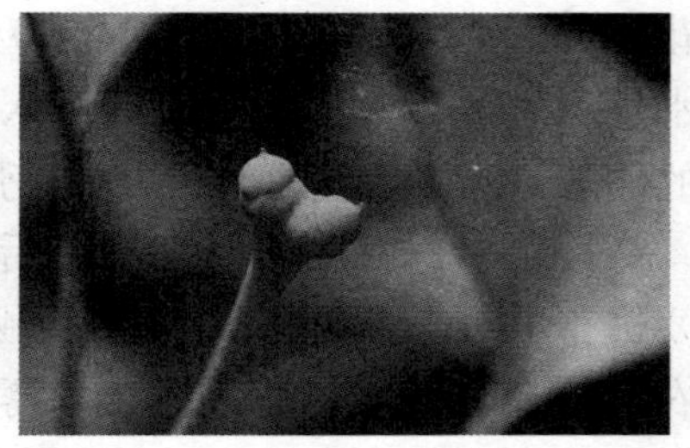
图 16　成熟的胚珠

授粉应选在无雨、无风或微风的天气进行，上午 9：00 以后（露水干后）、下午 16：00 以前授粉效果最好。授粉后，注意观察水珠的情况，如果在 1 天后大部分胚珠的水珠干涸，说明授粉已完成；否则，要再次授粉，但可减少授粉量。授粉后如遇雨天，要重新授粉。要注意当树势较强时，可多授粉；反之，则应少授粉。

李群等（1999）从银杏人工授粉最佳期所需的活动积温、日照时数和降水量 3 个方面，模拟出了预测预报银杏人工授粉最佳期的理论公式，并运用于生产实践。结果表明，按照理论公式确定的最佳授粉期，在生产中取得了显著的效果，提高了种实产量和质量。公式为：

$$y = 20.1947 + 0.0030632x_1 + 0.02474x_2 + 0.0028649x_3$$

式中 x_1 为年活动积温，x_2 为日照时数，x_3 为降水量。

银杏雌树胚珠发育成熟时，授粉室分泌的液体也随之增多，并吐出孔口，当该水珠在孔口外的直径大于孔口张开度，成一饱满圆形水珠，即为胚珠完全成熟。

③授粉方法。常见的授粉方法有喷雾法、挂雄枝法、震粉法、挂花粉袋法。但除喷雾法在生产上常用外，其他方法易造成花粉的浪费或授粉不匀，生产上较少采用。

● 喷雾法。该法节省花粉，效果良好。具体做法如下。

花粉喷雾用量按每产 50 千克白果用 0.15 千克雄花序散出的

花粉或 1 ~ 2 克纯花粉兑 24 ~ 30 千克清水计算每株的用粉量和用水量，可适当多加些水，并加入 5% ~ 10% 的砂糖、0.2% ~ 0.5% 的硼酸，以保持花粉的活力和增强花粉的黏附力，促进坐果。

授粉时选择晴天。露水干后进行，如果授粉后 2 小时内下雨要进行补授粉。授粉所用的器械和水都要清洁、无毒、无碱、无农药等有害物质。喷雾时要求雾点细、喷得匀、速度快，以银杏树冠的中下部为主。无论采用何种喷雾器喷施，一定要随拌花粉随喷施，并在拌入花粉 2 小时内喷施完毕。

● 震花粉法。将花粉装入纱布袋中挂于竹竿顶端，持竹竿于开花雌树的不同部位震动，花粉即散落于雌花上。这种方法简便易行，效果较好，但浪费花粉。

● 挂花枝法。此法就是将已成熟即将散粉的雄树花枝剪下，3 ~ 5 枝一束，插入装有清水或白糖水的瓶内，将其挂于开花雌树的中上部即可，大树要在不同部位多挂几处。

④注意事项。

● 保持花粉生活力。不适宜的环境条件，银杏花粉很快失去生活力。花粉采集后应马上进行处理，不能长时间装在塑料袋里，避免挤压、发热或窒息失去生活力。处理好的花粉短时间存放应用纸包好放于阴凉干燥处，并及时用于人工授粉。

● 严格控制授粉量。授粉过量，会导致结果过多，种子质量下降，树体营养失调甚至造成树枝断损或死树，严重影响树体生长和下年产量。因此，应严格控制授粉量，切忌过量。若授粉后 4 小时内下雨，应进行补授。在生产上要根据树龄和树冠大小、结实母枝数量、树势强弱和管理水平等因子，综合确定授粉量。一般来说，花多、衰老大树、肥水条件差、树势弱的，要少授，反之则多授。根据经验，生产 50 ~ 60 千克种核，用喷雾法授粉需花粉 2 ~ 3 克。

5. 病虫害及其防治

病虫害及其防治方法如表 13 所示。

表 13 银杏苗木主要病虫害及综合防治

防治对象	防治方法
银杏茎腐病	一、农业防治 1. 提早播种。土壤解冻时播种。 2. 合理密播。苗木密度小发病率高，密度大发病率低。 3. 防治地下害虫。苗木受地下害虫危害后极易染病，故播种前后需注意消灭地下害虫。 4. 防止苗木机械损伤。 5. 遮荫降温。搭荫棚、行间覆草、种玉米、插树枝等。 6. 灌溉。高温季节及时灌溉，有条件的可喷灌，能减少病害。 二、化学防治* 40% 多菌灵 800 倍液或 70% 甲基托布津 1 000 倍液在 5 ~6 月连喷 3 次。 三、生物防治 6 月中旬追肥或追施草木灰:过磷酸钙（1:0.25）时加入拮抗性放线菌。
银杏苗木猝倒病	一、农业防治 1. 防止圃地积水和土壤板结。有机肥料应充分腐熟。 2. 适时早播，覆土厚度适当，促使苗齐而旺、提高苗木群体抗性。 二、化学防治 1. 播种前进行土壤消毒。 2. 用 75% 五氯硝基苯和 25% 代森锌（苏化 911、敌克松）进行土壤处理。用药量 4 ~6 克/平方米。先将全部药品称好，然后与细土混匀做成药土。播种前将药土在播种行内铺 1 厘米厚，播种时用药土覆种。用苏化 911 5.625 千克/公顷，敌克松（稻脚青、开普顿）37.5 ~52.5 千克/公顷，用法同上。2% ~3% 硫酸亚铁水溶液 9 升/平方米或 2% ~3% 硫酸亚铁药土 1 500 ~2 250 千克/公顷（雨天或土壤湿度大时施用）。 3. 幼苗发病的处理。10% 苏化 911 可湿性粉剂 500 ~1 000 倍，30% 苏化 911 乳剂 1 000 ~1 500 倍，70% 敌克松 500 倍，漂白粉 200 ~300 倍，高锰酸钾 1 000 倍的药土或药液（苗床湿用药土，苗床干用药液）施于苗木根颈部，并随即用清水喷苗以防茎叶受害。如发现顶腐型猝倒病要立即喷 1:1:120 ~170 倍的波尔多液，每隔 10 ~15 天喷 1 次。
蝼蛄	一、物理防治 1. 在育苗地，每隔 20 米左右挖一小坑（40 厘米 ×20 厘米 ×6 厘米），将马粪或带水的鲜草放入坑内诱虫，白天集中捕杀。坑内加放毒饵也能诱杀。毒饵配制方法：将豆饼屑或麦麸 100 千克用文火炒香，加上 90% 晶体敌百虫或 50% 辛硫磷 1 千克，拌匀。

（续）

防治对象	防治方法
蝼蛄	2. 在育苗地周围设高压电网或灭虫灯等诱杀。 二、化学防治 1. 用7.5千克/公顷敌百虫与1 500～1 875千克细土均匀拌合撒施，翻地耙平。 2. 用90%晶体敌百虫50克，加水250克，溶解后喷至1 000克麦麸上，拌成毒饵，傍晚撒于苗床，用量为15～22.5千克/公顷。 三、人工防治　春季根据地面蝼蛄的隧道标志挖穴灭虫，夏季产卵高峰期结合夏锄挖穴灭卵。
沟金针虫	一、农业防治　及时清除杂草和松土。 二、化学防治　播种前用1千克1.5%乐果粉剂，与300～400千克细砂土充分拌匀后，均匀撒入苗床或苗垄中，翻土毒杀幼虫。
蛴螬	一、农业防治 1. 精耕细作，合理施肥，肥料要充分腐熟。氨水对蛴螬有一定的防治作用。 2. 适时灌水对初龄幼虫有一定的防治作用。 3. 圃地周围或苗木行间种植蓖麻，对多种金龟子具诱杀、毒杀作用。 二、人工防治　当蛴螬在土壤表层活动时，可适时翻土，拾虫消灭。或利用成虫的假死性，在盛发期人工捕杀。 三、化学防治 1. 在成虫盛发期，用杨、柳、榆树枝条蘸80%敌百虫200倍液，每隔10～15米一束，或50%久效磷50倍液浸泡10小时以上，每公顷75把，插在育苗地或新植银杏园诱杀成虫。利用小黄鳃金龟成虫不取食银杏而嗜食其他树的特点，在寄主植物上喷洒1 200～1 500倍的氧化乐果，防治成虫效果很好。 2. 敌百虫800～1 000倍液，1.5%乐果粉，2.5%敌百虫粉或40%乐果800倍液，以及树干刮除粗皮涂40%氧化乐果1～2倍液等，对成虫防治均有效果。 3. 土壤处理　①每公顷用50%辛硫磷3～3.75千克，加细土375～450千克，撒后浅锄；或50%辛硫磷乳油3.75千克，兑水15 000～22 500千克，顺垄浇灌，如浅锄可延长药效。 ②2%甲基异硫磷粉剂每公顷30～45千克，掺土375～450千克，顺垄撒施，然后覆土或浅锄。

（续）

<table>
<tr><th>防治对象</th><th>防治方法</th></tr>
<tr><td>蛴螬</td><td>4. 出苗或定植时发现蛴螬危害，可在苗床或垄上开沟或打洞，用90%敌百虫500～800倍液或50%辛硫磷200倍液进行灌注。</td></tr>
<tr><td>地老虎</td><td>一、农业防治
1. 精耕细作。春耕多耙、秋耕冻垡、秋耕冬灌。
2. 清洁田园。
二、人工防治
1. 对成虫用糖、醋、酒混合液或黑光灯进行诱杀。
2. 对幼虫可用泡桐树叶诱杀，将比较老的泡桐树叶用水浸湿，傍晚均匀地放入菜地，每公顷1 050～1 200片，次日早晨在叶下捕杀幼虫。也可用灰菜、苜蓿、艾蒿、青蒿等混合，傍晚以小堆的方式放置在菜地，次日清晨捕杀堆内幼虫。
3. 人工捕捉高龄幼虫。
三、化学防治
1. 喷施药液。用2.5%溴氰菊酯乳油2 000倍液或20%氰戊菊酯乳油2 000～3 000倍液，或50%辛硫磷乳油1 000倍液，或90%晶体敌百虫1 000倍液喷洒地面；也可喷2.5%敌百虫粉，用量22.5～30千克/公顷。
2. 撒施毒土、毒沙。50%辛硫磷乳油0.5千克加水适量，拌细土125～175千克，或用1份20%速灭菊酯乳油拌2 000份细沙撒施。
3. 毒饵诱杀。用90%晶体敌百虫0.5千克加水3～4千克，喷在50千克碾碎炒香的棉籽饼或麦麸上，用量225～300千克/公顷。
4. 药剂灌根。在虫龄较大时用80%敌敌畏乳油或50%辛硫磷，用药量3千克/公顷兑水6 000千克，灌根。</td></tr>
</table>

*注：勿用国家明令禁止使用的农药。

第四章　核用银杏丰产栽培技术

银杏核用园是以收获银杏种核为经营目的的银杏园（图 17）。

图 17　银杏核用丰产园

但实生银杏生长发育缓慢，一般要 20 多年才能开花结实，且结实量低而不稳定，品质良莠不齐。自 20 世纪 80 年代以来，国内外银杏生产经验表明，通过选择优良品种，培育大砧嫁接苗，实行合理密植，加强经营管理，可实现核用银杏林早实、丰产、优质、高效的目的。核用银杏丰产栽培技术是在银杏产区营建银杏早实丰产示范林的基础上，将营建示范林中的品种选择、园地选择、园地开垦、整地、定植、施肥、除萌、授粉、修剪、疏果、病虫害防治等一系列技术进行总结而成的综合技术。

一、品种选择

选育良种壮苗是实现银杏核用园栽培目标的前提。新建银杏园时，应根据当地的气候、土壤等自然条件，选择在当地生态条件下能正常生长发育的稳产、高产、优质品种。

- 早实、丰产、抗逆性强、品质好、耐贮藏等；
- 种核纯净一致、粒大饱满、无病虫害、具有旺盛的生命力，在适宜条件下生命力强、发芽率高、长成的幼苗整齐一致等。

在长期的栽培生产中，各地以种核产量、种核外部品质和种核内部品质等为评价指标，筛选出了一些优良的银杏栽培品种，如家佛指、洞庭皇、大金坠等，但一些专用的矮化品种尚未形成。目前的主推品种有：洞庭皇、大佛指、大金坠、大马铃、龙潭皇、南林果 1、南林果 2、佛香、大金果等。全国主要核用栽培品种及性状见第二章。

二、良种嫁接苗培育

1. 苗圃地选择

银杏育苗地宜选择地势平缓、背风向阳、排水良好、土层深厚、疏松透气的微酸砂质壤土，经全垦深翻、消毒后，每亩施有机土杂肥 3 000 ~ 5 000 千克。

2. 砧木培育

银杏属本砧嫁接，实生苗播种期为 3 月上、中旬，条播，播前白果种核要进行湿沙贮藏或温水浸泡催芽，每亩播种量 40 ~ 50 千克。苗期加强土肥管理，施追肥 3 ~ 4 次，注意排涝、抗旱和防止猝倒病，可亩产 1 年生苗 1.5 万 ~ 2 万株。为培育 3 ~ 5 年生银杏大砧，应于 11 月下旬至翌年 2 月上旬，进行移床，每亩密度 3 000 ~ 6 000 株，苗高达 100 厘米，嫁接部位 1.5 厘米以上。

3. 采集接穗

穗条应从所选优良品种的成年树或所建良种银杏采穗圃母树上，采集树冠中、上部和外围较直立、健壮、顶芽饱满的 1 ~ 3 年生枝条。秋接秋采；春接冬采，蜡封湿沙贮藏。

4. 矮干多头嫁接苗培育

嫁接时期春季在 3 月中旬至 4 月初，即树液流动、芽膨大后至展叶初期；秋季为 9 月中旬至 10 月中旬。嫁接高度砧木离地 40 ~ 60 厘米。嫁接方法多头嫁接，即用切接、劈接、插皮接，或单芽腹接等方法在一株砧木的嫁接部位同时接 2 ~ 3 个穗。接后及时检查成活率，解除绑缚物，适时扶芽除萌，加强水肥管理，一年新梢的生长量可达 30 ~ 50 厘米，苗高可达 80 厘米以上。

三、园地选择

在建园时应对某些不良环境因素加以改造，为银杏早实丰产创造良好的环境条件。在选择造林地时应注意以下几个标准：一是地势空旷，光照充沛；二是土层深厚，质地疏松，排水良好；三是地下水位低于 2.0 ~ 2.5 米；四是≥10℃的年活动积温在 4 000 ~ 6 500℃，无霜期 195 ~ 300 天，年降水量 600 ~ 1 200 毫米；五是土壤 pH 值在 6.5 ~ 7.5 之间。

目前银杏的主要产区集中在平原地区，但土层深厚肥沃，降水量充沛的山地和丘陵，也适于银杏核用园的栽植。在江河冲积地的河潮土、潮土和山麓坡积地上建园，可采取壕沟式（深、宽 80 ~ 100 厘米）深翻改土。在山地深丘上建园，最好选择光照条件良好的向阳山坡面的中、下部地块，采取大穴（长、宽、深各 1 米）改土，取出穴内石块，回填熟土。结合改土，栽苗前每株（或每穴）施入土杂肥 100 ~ 200 千克 + 4 ~ 5 千克磷肥作底肥。在山地、丘陵坡度较大的地势上或需对整个山坡建园时，应设计规划为等高梯地建园。在台地平整的同时，仍需按壕沟或大穴方式改土施底肥（每亩园地沟穴内施入腐熟厩肥 5 000 千克），栽苗前表土要干润①、粒细、整平。

四、整地施底肥

熟化土壤，应在夏、秋季节提前整地。整地方式可选择全垦大穴方式，穴宽 100 厘米，穴深 80 ~ 100 厘米；也可横山抽槽，槽宽 100 厘米，槽深 80 ~ 100 厘米，槽间距或株行距由栽植密度确定。底肥每穴施土杂肥 50 ~ 100 千克，磷肥 1 ~ 2 千克，或每亩槽内施土杂肥 5 000 ~ 10 000 千克，磷肥 100 ~ 200 千克，肥料与土要分层拌匀施入。

---

① 干润表示干湿度适宜，相对湿度约 65% ~75%，下同。

五、适时合理密植

1. 银杏栽植季节

以晚秋11月底落叶后至翌年早春2月底发芽前为宜。北方或冻害严重地区，以春节栽植为好。

2. 栽植密度

实践证明，早期一些矮植园采用3米×2米、2米×2米、2米×1米的株行距（密度在1 500株/公顷），以上的这种高密度栽植并不能达到持续高产的目的。根据银杏的生长特性，考虑到目前尚没有特别优良的矮化品种，银杏矮化密植园较为适宜的初植密度应保持在每公顷1 000株以内，常用的株行距为4米×3米或5米×3米，在挂果后逐渐间移成6米×4米或6米×5米的株行距。配置方式位长方形或“品”字形。

3. 配置授粉树

银杏雌雄异株，风媒花，应合理配置授粉树（雄株），方能实现丰产、稳产。雌雄株比例以20∶1为宜。在果园的周围或选择春季（尤其是花期）来风的上风口栽植雄株，雄株栽植地势应尽可能地选择高处。

4. 植苗技术要领

要求选用正规育苗单位的壮苗（嫁接苗或扦插苗）定植，穴要深大，施足基肥，土要干润，回土宜实，栽苗要浅，定根水灌透，栽后培土高度要合理。需要特别提醒的是，栽苗前要检查嫁接苗砧木的主根是否完整，如主根保存完整的应剪除1/3～1/2，如原剪断长度不足的应予以剪足，以促发侧根生长，有利于提早结果。

六、管理技术要点

银杏要实现早果丰产、早见效，栽植是基础，管理是关键。银杏采果园的管理主要包括土壤管理和树体管理两个方面。

（一）土壤管理

1. 中耕锄草，防止草荒

杂草与银杏争水、争肥，影响银杏生长，应及时除掉。同时，中耕还能起到破除板结、疏松土壤和杀灭地下害虫的作用。

2. 扩穴改土，留足树盘

在秋冬季节，沿树冠投影处开挖环状沟，规格为宽50厘米，深30~50厘米。施入农家肥、土杂肥等有机肥，每株25~50千克，回填平整并灌1次透水。照此方法逐年扩大开沟半径，从定植后第二年开始，每年进行1次。树盘内不要种植其他作物。

3. 强化追肥

银杏树需肥量大，每年至少需追肥3次。第一次在3月中旬进行，每株施尿素0.15~0.25千克，或兑入人粪尿10~15千克，开沟施入；第二次在6月下旬进行，最好施复合肥每株0.25~0.5千克，开浅沟施入；第三次在10月底至11月初，结合扩盘施入农家肥，每株不少于25千克。

4. 搞好排灌

银杏树喜湿怕涝，出现旱情要及时灌水；在雨季要注意搞好排水防涝，避免园内积水。

（二）树体管理

1. 抹芽除萌

对银杏嫁接苗砧木部分的萌芽及时抹除，防止抽生实生枝条，以免影响接穗部分生长。

2. 修剪整形

银杏的修剪以冬季修剪为主，在整个休眠季节，从11月底至翌年3月中旬都可进行。前期修剪的目的重在整形，培养良好树形，搭好丰产骨架（图18）。银杏嫁接后抽生枝条除顶芽嫁接外，一般会出现2种情况：一是抽生单枝呈斜向生长。对这种情况要进行重剪回缩，即在分枝基部留3~4个芽进行短截，一般可抽生

3～4个主枝，形成自然开心形树冠；二是抽生双枝，呈"Y"形，对这种情况，要在分枝中下部的好芽区选背下芽或左右对称的芽进行剪截，每个分枝上可抽生至少2个健壮枝，则每株可形成至少4个二级主枝，培养成自然开心形树冠。

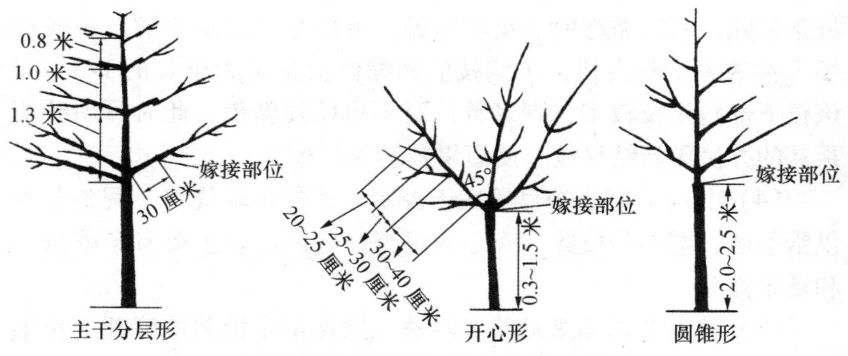

图18　核用银杏树的几种主要树形

自然开心形具有树矮、径粗、冠宽、始果早、产量高的特点。

修剪要领　整形与修剪是紧密联系的，通过对银杏树的修剪以维持银杏树主干、主枝、侧枝和果枝的合理结构，调节树体各部分营养物质的分配，改善通风透光条件，协调生长与结实的平衡关系，从而达到早产、高产、稳产、优质的效果。

（1）前疏　主要是疏除过密枝、交叉枝、并生枝、重叠枝以及难以利用的徒长枝，目的在于改善树冠的通风透光和树体的均衡发展。

（2）短截　短截的目的在于促发强旺的新梢，但在银杏树上，短截只对幼树的主干或健旺枝条的新梢具有明显的作用，对大树上的枝条作用不明显。所以长枝轻截优于重短截，如对1年生健旺枝条只抹除顶芽或只剪除顶端的3～5芽，其剪口下2～3芽容易转化形成短果枝；相反，破坏短果枝的顶芽后，在短果枝中间又易抽生出长枝。利用这一特性，调整树冠上长、短果枝比例合理，形成合理的结果部位，为立体结果、丰产、稳产创造良好条件。

（3）回缩　回缩修剪的目的在于更新复壮。更新时的回缩剪口一般应选择在下垂枝条的弯头最高点之前，而且最好在回缩剪口下有一健旺的向上枝。在回缩修剪后应将回缩口下的所有衰老枝条剪除。若回缩修剪后反应迟钝，可能是回缩量不够。一般对30年生左右的银杏树，主侧枝的回缩修剪量可为全长的1/3。如该枝下部短果枝较多，则多数情况不再萌发新梢，此时可用破坏顶芽的办法更新结果枝，使短果枝转为长枝。

（4）摘心　摘心的目的在于控制枝条的顶端优势，调整营养供给平衡，增加分枝数。摘心的银杏修剪的时间主要有冬季修剪和夏季修剪。

（5）提早开花结果的修剪措施　嫁接苗定植栽培管理生长第三或第四年后，可采取一些特殊的修剪措施促花早果。

①倒贴皮。在主枝基部用利刀剥脱主枝直径1/10宽度的一圈皮层，倒过来再贴回去，用塑料薄膜扎紧即可。此法促花效果最高可达92.6%。

②环扎。在主枝基部用16号铁丝缠绕一圈，再用铁钳扭紧，以深达木质部。

③环割。在主枝基部用利刀每间隔0.5厘米割一刀，共割2～3刀，深达木质部为宜。

以上措施应在6月上中旬施行，促进花芽分化和翌年开花。但只针对幼旺树或旺长枝，切忌过头。

（6）人工授粉　具体方法见第三章。

七、病虫害防治

病虫害及其防治方法见第三章表13。

八、种实的采收、调制和贮藏

（1）采收　在实际生产中，适宜的采收期是以自然落种始期为主要指标，只要有5%～10%的个体种子成熟，便可开始组织采收，熟一片采一片，熟一株采一株（表14）。在丰产园可以人工上树采摘。于9月20日前喷用1 000~1 500毫克/千克乙烯利，使果实在10月上旬全部自然脱落，实现按期完全化学采收。

秋末（10~11月）采收霜打的银杏叶片，晾干，除去杂质，即可药用。8月份叶子未变黄之前采叶，此时总黄酮和银杏叶内酯含量为最高时期，所以生产上多采用青叶提取有效成分治疗脑血管动脉硬化，有较稳定的效果，每千克800美元，畅销国内外。

表14 我国各地银杏的采收时间

地点	一般时间	最早时间	最迟时间	建议采收期
山东郯城	10月初	9月底	10月中旬	9月下旬前后
江苏泰兴	9月上旬	9月初	10月初	9月20日前后
江苏吴县	9月8日	9月8日	9月15日	9月15日以后
浙江长兴	9月上旬	9月初	9月中旬	9月8日以后
广西兴安	8月中旬	8月上旬	8月下旬	8月20日以后

（2）调制

①脱皮。果实采收后，在有水源条件的场地进行堆沤。平堆厚度不超过50厘米，上盖湿草，4~5天内外种皮软化、腐烂，此时可穿上隔离服用脚踏脱皮。也可采用白果脱皮机，脱皮工效可提高20倍，每工时可脱皮100千克，其损坏率仅为0.5%。

②净种。脱皮过程中随时用清水冲洗。待种皮完全脱净后立即进行漂白处理。漂白液的配制方法为：每千克漂白粉用10~12千克温水化开，滤渣后再加80~100千克清水稀释，可处理100千克种子，漂白时间约5~6分钟。捞出种子后，再加1千克漂白粉，即可再漂白100千克种子，可连用5~6次。漂白工作可在瓷缸或水泥槽内进行，期间应不断搅动。

③干燥。种子漂白后，直接摊于通风处阴干，严禁晒干。摊铺厚度3~4厘米，要勤翻动，以防种皮发黄、霉污。一般干燥1~2天即可。

④分级。银杏种实一般分为4级。同时要求商品用种壳色洁净，种仁鲜绿、用手指压捺开裂而无汁液流出。

（3）贮藏 供贮藏的种子种仁含水量不得超过40%。贮藏温度2~5℃、相对湿度50%、通气条件良好。

①干藏法。干藏法适于商品用种的贮藏。在密闭容器中底部、顶部放生石灰，种子置于中间，常温下可贮藏2~3个月。在种子库中贮藏，温度2~5℃，可贮藏5~6个月。

②湿藏法。湿藏法是一种短期贮藏办法，适于秋季贮存、翌年播种的种子，可以促进胚的后熟，提高播种品质。常用的是沙藏法，在阴凉的室内土地上铺10厘米的湿沙，摊放10厘米厚的种子，再铺5厘米厚的沙子，如此沙与种子分层铺放。或按1份种子2份沙的比例混合堆放，总高度低于50厘米。经常检查，每周上下翻动1次，保持湿润，可贮藏3~5个月。

第五章　叶用银杏栽培技术

近年来，银杏叶的国内外市场看好，常常供不应求，采叶专用园应运而生，成为银杏综合利用开发的新方向。因此，各地十分重视发展叶用银杏的生产，山东、广西、广东、江西、江苏、湖北、河南等地已把它列入致富工程。叶用银杏种植园是生产大量优质药用叶为目的的银杏栽培园(图19)。其建园的技术关键是选择适宜密植的窄冠类型，高密度种植，通过修剪、整形控制树高，以利采叶作业方便。现将叶用银杏园的丰产栽培技术介绍如下。

图19　叶用银杏园

一、建园技术

1. 园址选择

选择地势平坦，排灌良好，土层深厚，肥沃、疏松的砂壤土或壤土，pH 值 6.5～7.5 的壤土或砂壤土为好。黏重土壤、山岭薄地、盐碱低洼、粗砂地，地面积水或者地下水位过高等均不宜建叶用银杏园。

2. 选用良种壮苗

种植叶用型银杏的地方可选用生长旺盛、树冠紧凑、节间短密、易抽梢、叶面大、质厚、叶色浓绿、产叶量高、叶内有效成分含量高，特别是黄酮类和内酯类物质含量高的品种，如南京林业大学选育的E_4、E_6，山东农业大学选育的黄酮 F－1 号和黄酮 F－2 号，山东 9 号，浙江富阳大园铃等品种。银杏叶用品种及其特性见第二章。

苗木选择必须采取壮苗造林，例如采用实生苗造林，1 年生苗苗高 18 厘米以上，地径粗 1 厘米以上。最好选择 2 年生实生苗，苗高 80 厘米以上，地径 1～1.5 厘米，根系发达完整、无病虫害。叶用银杏品种标准如表 15 所示。

表 15 叶用银杏品种评定标准参考表

项 目		得分
产量指标	每米长枝上单生的叶片数	8
	每米主干上的侧枝数	6
	单叶面积（平方厘米）	7
	单叶重量（克）	7
	单株叶面积（平方米）	11
	单株叶产量（千克）	11
	叶面积指数（平方米/公顷）	10
内含物指标	营养成分：糖、蛋白质、脂肪、粗纤维、单宁、维生素、微量元素、叶绿素、水分	18
	药用成分：银杏黄酮（槲皮素、山柰素、异鼠李素等）内酯（白果内酯、内酯 A、内酯 B、内酯 C）	22

二、定植技术

叶用银杏园可直接播种建园，也可栽实生苗或扦插苗建园。定植时间春、秋季均可，所植实生苗或扦插苗宜选用苗龄 1～2 年生苗，要求苗木根茎粗壮、高度在 25 厘米以上、根系完整、枝繁叶茂、无病虫害等。

栽植前一定要对园地施足底肥，深耕、整平，搞好道路、排灌系统。按确定的行距挖沟，深、宽各 70～80 厘米，回土时先回表土，后回底土，并分层放入农家肥，每亩施猪栏等农家肥 3 000～

5 000千克，磷肥50～100千克。

为了多收叶和便于采叶，应适当密植，一般株行距为40厘米×50厘米、40厘米×60厘米、50厘米×60厘米、60厘米×60厘米等几种。曹福亮等（2000）的研究结果表明，40厘米×60厘米的株行距在平原地区是比较适宜的。如果采用机械化作业，则要根据所采用机器的规格确定适宜的株行距，如美国、法国都采用40厘米×100厘米的株行距。后期视果园密闭程度给予回缩修剪或隔行移栽或伐株。栽植季节以秋末树木落叶后土壤封冻前栽植最好，栽植深度要适中。

三、树形培养

叶用银杏园采叶树应采用矮干、低冠的杯形或圆头形树为宜，主干高度控制在50厘米以下，定干剪口下选择不同方位萌生的3个枝做主枝，主枝上再培养多级侧枝。也可采用丛状形。当1～2年生的幼苗定植后或种子萌发开始生长后，均需在距地面20厘米处截干，促发新枝；新枝长到10～15厘米，按不同方位选留5个主枝，其余枝条均剪掉；当5个枝各长到30厘米时，再次摘心，又萌发出侧枝，经过3～5次的培养，即形成一个丛状形树冠。

四、银杏园的管理

1. 土肥水管理

土壤管理主要是除草保墒，生长季节结合除草每半月进行1次划锄，以减少地表蒸发，保持土壤水分。一般每年灌水6～8次，即早春土壤解冻后浇1遍“萌芽水”，土壤封冻前浇1遍“封冻水”，生长季节根据土壤墒情在4～6月和8～10月每月浇水1次。保持土壤含水量在80%左右，但银杏怕涝，要注意及时排水。雨后及时中耕，防止土壤板结，杂草应及时消灭，防止草荒。

广大果农说得好：“果园不冬浇，受冻又受旱；果园浇冬水，开春发得美。”

通过对采叶量与施肥种类、施肥量关系的调查，并依据叶片营养成分分析，表明施肥量以按叶片营养元素4倍的量供给最为适当；施肥种类以有机肥为主，适当辅以化学肥料。施肥要采取四季施肥、少量多次的原则，重点施好下述4种肥。

（1）养体肥　养体肥是叶用园施肥的关键，采叶后即施。一般在9月底至10月初施入。通常以有机肥为主，适当配合银杏专用肥，以补充各种微量元素。施腐熟的厩肥或堆肥45吨/公顷，加银杏专用肥750千克/公顷，或施腐熟的鸡粪、羊粪、大粪干等优质有机肥19.5吨/公顷，加银杏专用肥375吨/公顷。

（2）萌芽肥　一般3月份施用，以氮肥为主，可施人粪尿24吨/公顷，或施碳酸氢铵900千克/公顷，或尿素375吨/公顷。

（3）枝叶肥　施肥时间为银杏速生期来临前，一般在5月中下旬施用，施人粪尿15～20吨/公顷，或银杏专用肥600千克/公顷。

（4）壮叶肥　目的是使叶片大、长、厚，延迟叶片老化，提高后期光合效率及药用有效成分的含量。一般在7月下旬至8月上旬施用，可施银杏专用肥600～900千克/公顷。

另外，喷施叶面肥及生长调节剂对银杏叶片的生长及产量也可产生显著的影响。罗勇（2000）的研究表明，对叶片重量的影响为绿芬葳＞光合微肥＞赤霉素＞磷酸二氢钾，浓度以0.4%的绿芬葳、0.2%的光合微肥、0.3克/升的赤霉素和1.5%磷酸二氢钾为最佳。

2. 整形修剪

对于叶用树的修剪必须以短截和疏剪为主，尽可能诱发树体多抽生旺条，多产叶。修剪时，对骨干枝进行适度短截，对过密枝适当疏剪。第四年苗木根径达2.5厘米以上后，可在翌年早春平茬，平茬高度要控制在10厘米左右，平茬后当年萌发的3～4个萌芽条全部保留。平茬后，每隔8年需重新平茬1次。在冬季要进行重剪，及时轮换更新枝条，同时疏除一些过密枝、病虫枝和细弱枝等；在5月下旬对30厘米以上的新梢进行摘心，促发二次梢，增加枝叶量；秋季结合采叶疏除过密旺长枝。

3. 病虫防治

银杏主要易受茎腐病、叶枯病、大蚕蛾、超小卷叶蛾等病虫危害，应当在选用良种、加强管理、及时处理病株的基础上，及时喷药防治。应在6月份之前用锌、硼、锰等微量元素混合液(1∶500)或芦笋青1号500倍液灌浇发病植株根部附近地面，或用托布津1 000倍液、1%～2%硫酸亚铁溶液、50%多菌灵600～700倍液、70%甲基托布津800～1 000倍液等进行喷施。

五、银杏叶的采收

银杏叶宜分期、分批采收，一般从8月上旬开始，先采树冠内部、下层枝条的叶片，再陆续采收中部和上部叶片。每次采摘短枝的1/3叶片，最后一次在银杏叶即将变黄时一次采完。在当地早霜期来到之前，保留顶梢的3～5片叶，不可全部采完；另外采叶前圃地应避免灌水。不同时期银杏叶内不同物质含量也有差异（表16）。

表16　不同时期银杏叶提取物中双黄酮含量

（毫克/克干提取物）

采收时间	西阿多黄素	银杏黄素	异银杏黄素	白果黄素	总量
秋季（绿叶）	10.3	3.2	2.4	0.9	16.8
秋季（黄叶）	10.1	4.6	2.9	1.4	19.0
春季	2.9	0.8	1.1	0.4	5.2
夏季	2.5	0.9	0.8	0.2	4.4

银杏叶采集后应立即堆在场上或水泥地面上晾晒，以防发热生霉，同时清除杂草、树枝、泥土及霉烂叶等杂物，晾晒厚度以3～5厘米为宜，每天翻动2～3次，3～4天后达到气干状态后即可保存或出售（图20）。阴雨天可烘干。

图 20 晾晒银杏叶

最后需要特别注意的是，银杏绝不可夏秋两季双重采收，双重采收不仅叶片的产量和质量不能提高，相反有伤树体，从而造成较大的经济损失。

第六章　花粉用银杏栽培技术

20世纪90年代以来，全国各地发展了大规模的银杏核用园。为达到稳产、高产、优质的目的，必须为核用园的人工辅助授粉提供优质的花粉（图21，图22）。银杏花粉中蛋白质含量高，含牛磺酸、黄酮和多种维生素，磷、钾、钙、镁等矿物元素的含量也较高，是制造化妆品和保健品的很好原料，其开发前景广阔。所以，营建大面积的银杏花粉用园，可以为银杏人工辅助授粉及银杏花粉制品提供原料，并将产生极高的经济效益。

图21　银杏雄花

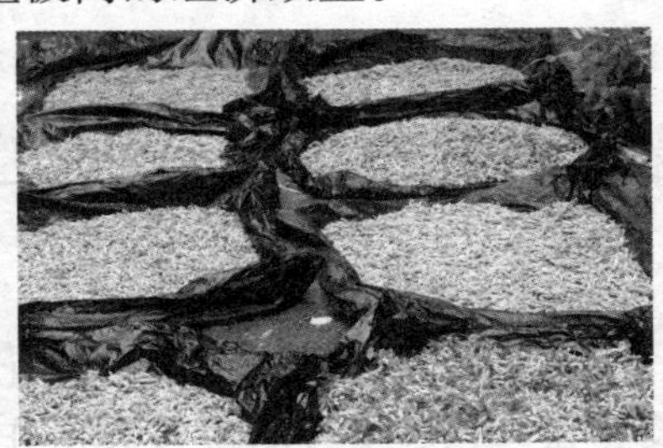

图22　采收后的银杏雄花序

一、园址选择

银杏雄株既可成片栽植，也可在“四旁”地或房前屋后栽植。为使花粉用园内的雄树能提前开花，迅速达到较高产量，应选择土壤深厚肥沃、排水良好的造林地。

二、品种选择

花粉用园的营建应选择开花早，花粉产量高、质量好的优良品种。目前还很少有人做这方面的工作。曹福亮等（1993）在国内较早从树龄、胸围、雄花、花粉量、花粉形态、花粉营养元素及有机物质含量等方面研究了江苏省泰兴市境内银杏优良雄株，初步选出了优树2号和优树6号两株优树，繁殖后可用来作为花粉用园的优良建园材料（表17）。山东农业大学的邢世岩经过多年的研究，选育出了优良的花用单株G－14′、G－13′等。

表17　银杏雄性单株雄花形态和花粉量

优树号	地点	树龄（年）	胸围（厘米）	雄花长（厘米）	雄花直径（厘米）	单个雄花花粉重（克）
1	燕头镇文岱村	59	118	1.95	0.46	0.003 61
2	老叶乡焦东村	69	166	2.03	0.72	0.008 04
3	老叶乡鞠前村	51	125	1.20	0.36	0.005 34
4	焦荡乡珊溪村	45	147	1.65	0.45	0.003 50
5	胡庄乡和丰村	39	60	1.63	0.58	0.003 74
6	黄桥朱庄何金成家	49	120	2.33	0.69	0.008 44
7	黄桥朱庄申玉乔家	49	140	1.55	0.48	0.006 78

三、造林方法

为使银杏花粉用园达到早花、丰产、优质的目的，应选用生长健壮、无病虫害的银杏大苗作为砧木，定植后，进行嫁接，也可采用嫁接过的银杏雄株大苗作为定植材料。

花粉用园的营建采用矮干密植的经营方式。株行距一般为3米×3米、3米×4米或4米×4米，嫁接高度为40厘米左右。也可采用材花两用型的经营方式，即进行高干嫁接，嫁接高度在3米以上，这样可同时生产花、材。但这种经营方式管理不方便，且开花较迟。

定植前，有条件的地方要进行全面整地，同时施入有机肥，结合整地将肥料与土壤混匀。种植穴规格要大，达到80厘米×80

厘米×80厘米，下面垫表土，每穴施有机肥15千克，与土壤混匀。栽植时，要尽量浅栽，特别是平原地区，以不露根为宜，避免窝根。

四、栽后管理

(1) 间作　为充分利用土地，林分郁闭前，在幼树行间可种植花生、大豆等矮秆农作物或经济作物，以增加建园早期的收入，起到以耕代抚的目的，促进幼树的生长。在间作时，注意保护幼树，避免幼树受到损伤。

(2) 肥水管理　在银杏落叶前，应及时施基肥，以有机肥（农家肥）为主。生长期追3~4次肥，施肥方法可采用放射状沟施或环状沟施的方法，也可在生长期内进行叶面喷施，如用0.5%的尿素或亚磷酸钾。银杏树在一年中可于春季萌芽前后和秋季各灌水1次，生长期内如遇土壤干旱，也要适时灌溉。

(3) 整形修剪　通过整形修剪可培育良好的树形，为丰产做准备。栽植或嫁接后，往往在嫁接部位以下的树干上或树干基部产生许多萌条，要及时去除。密植的银杏树，可结合整形修剪，培养3~4个骨干枝。在夏季对延长枝及其背上的直立枝要进行摘心，增加短枝数量，缓和树势，以利成花。修剪时，可把病枝、细弱枝、过密枝疏除，以利树冠的通风透光。冬季修剪要把交叉重叠枝疏除，对空间较大处的内膛枝可进行短截，以促进分枝。

另外，对于长势良好的银杏，可在6~7月份采取摘心、环剥、环割、刻伤、倒贴皮和纵伤等方法促进花芽形成（见核用园栽培部分）。

五、花粉的采集和处理

银杏雄树开花一般早于雌树，因此，在雌树可授粉之前就应着手收集人工授粉用花粉。由于银杏雄株花期极短，特别温度较高时，成熟后3天左右花粉就可全部散落。因此，要密切注意花期，在花粉散落前采集花穗，有60%～70%的雄花花序呈黄色时即可采摘。采集花粉时，要避免折断枝条，弄掉树叶，并尽量选择生长健壮、无病虫害、花粉产量较高的银杏雄株。采集后，可采取以下方法对雄花进行处理。具体方法参见第三章。

第七章　园林绿化银杏栽培技术

江苏的泰州市、山东的烟台市、四川的成都市、辽宁的丹东市等先后将银杏定为“市树”，江苏省将其定为“省树”。近年来，受市场影响，大规格银杏苗木特别是胸径 10 厘米以上的大苗，供不应求，价格较高。因此，采取综合技术措施，迅速培养园林绿化大苗，是银杏苗木生产的当务之急。在培育园林绿化银杏大苗时，要注意以下要点。

一、绿化观赏银杏品种

作为绿化观赏用的银杏树主要是实生树和雄株，少数为雌株，主要标准是冠形、干形、叶形、叶色和枝条开展特征等（表 18）。我国在这方面的研究较少，起步较晚。胡先骕先生认为有6 个变种可以作为绿化观赏树。

表 18　绿化观赏用银杏品种评比标准

项　目	得分
冠形：尖塔形、窄冠长圆柱形、宽塔形、长椭圆形、球形、伞形、圆锥形	25
干形：高耸和通直圆满、粗矮、主干侧枝形长、主干弯曲、树形特异	20
叶形：大叶、长叶、多裂片叶	20
叶色：黄叶、斑叶（黄绿相间）	25
枝条角度：直立、平展、下垂、斜生	10

①塔形银杏。枝条斜展，呈塔形。

②垂枝银杏。枝条下垂。

③裂叶银杏。叶较大，深裂。

④管叶银杏。叶管状（图23）。

⑤斑叶银杏。叶有黄色花斑（图24）。

⑥黄叶银杏。叶鲜黄色（图25）。

⑦叶籽银杏。种实着生在叶子上。

图23　管叶银杏

图24　斑叶银杏

二、繁选种苗

可用播种、扦插、分蘖和嫁接等方法繁殖种苗，以播种和嫁接法居多。用于风景园林绿化的银杏苗，宜选用5～7年生、树干通直圆满、轮生枝层次性强的实生大苗，胸径以5～6厘米为宜。虽然苗木较小，但缓苗时间短，恢复生机快，苗木生长茁壮，也是发挥绿化、美化效益的基础。

图25　黄叶银杏

银杏有许多变种（var.）、栽培变种（cv.）和变型（forma），在苗木选择上应选择垂枝银杏、斑叶银杏、叶籽银杏和黄叶银杏。在园林育苗中，为培育上述观赏品种和雄株，提高苗木的生长量，加快树木的生长速度，使树干加粗和树冠快速成形，常采用嫁接繁殖。常用的嫁接法有皮下接、切接、短枝嵌接和劈接4种，具体见第三章。

三、育苗密度

栽植密度与苗龄、培育目的、立地条件及技术水平有关。对于胸径3厘米以下、密度较大的银杏苗圃，采取隔行除行、隔株去株的方式；对密度特别大的可采取隔株除2株的方式，将苗木株行距调整为0.5厘米×0.8～1.0厘米左右，以后可根据苗木的生长状况，逐年继续调整。对于胸径3～5厘米的苗圃，采取移栽疏密措施，除弱留强，将苗木株行距调整为0.8～1米×1米，每亩保留600～800株左右。一般每亩圃地可栽植1年生苗木3 000株、2年生苗木1 500株、3年生苗木750株、4年生苗木375株、5年生苗木187株（图26）。

图26 银杏绿化苗生产基地

四、移植时间

选用优良、速生的雄株品种和观赏品种移植，移植宜在春季和秋季进行。春季移植应在土壤解冻后至树木发芽前，宜早不宜迟，最好在4月20日前完成栽植，最晚不要超过4月底，过迟会影响苗木正常生长和苗木的成活率；秋季移植在11月中下旬进行为宜；也可于秋季起苗后假植越冬，早春土壤解冻后栽植。

五、苗木保护

银杏直径在5厘米以下可以裸根种植，6厘米以上一般要带土坨种植。裸根栽植的苗木，当年是缓苗期，而带土坨的苗木当年即能生长。园林绿化中，多选用5～7年生的银杏大苗，起苗时应带土坨，土坨的大小应为树干直径的7～10倍，并缠上草绳。起苗后，进行树干喷水，然后再用宽10厘米的塑料条带缠严，以防树干失水，并能防止运输中损伤树干。

为了减少水分蒸发和便于运输，以保证成活，应将直径大于3厘米的粗枝在距离主干0.8～1.0米处锯掉，然后削平锯口，用保护剂（蜡、熟桐油等）涂抹，并进行包扎。从起苗至栽植的时间不应拖得过长，时间越短越好。

起苗后挖深为0.5米的沟假植苗木，可使银杏假植苗体内含水量超过留床苗，栽后成活率较高。银杏裸根苗栽植前应将根系浸水，提高树体的含水量，保证苗木栽培的成活率。也可在假植沟内灌水浸泡2天。

银杏苗移植应做到以下几点：

● 边起苗边栽植，尽量缩短从起苗到栽植的时间；带土栽植；

● 根系完整无损，在苗木运输中保证不失水；

● 对当天栽植剩余苗木及时假植，防止风吹日晒；

● 裸根苗浸水处理1～2天，以增加树体含水量，尤其对长距离运输的裸根苗和干旱地区更应注意。

六、栽植点

园林绿化中，银杏往往是单植或双植，丛植的很少见。栽植点一定要保持适当的栽植面积，以利于形成银杏为主的景观。栽植点的土层厚度需在1.5米以上，且要肥沃、疏松，土壤pH值要求微酸至偏碱。水源条件良好，但不能有积水。地下水位深度不得低于1.5米。

七、栽培技术

树穴应在起苗前挖好，树穴深度和周边应大于土坨20厘米。栽植前，穴底填入表土或表土与有机肥的混合土，周围填入拌有有机肥的细土。填土前应将捆土坨的草绳全部抽出，以使根系与土壤密接。随填土，随踏实，最后在穴面上复一层松土。苗木栽植深度，以略深于起苗前的苗木根颈部为宜。

八、栽后管理

（1）设支架　由于园林绿化中栽植的银杏树体较大，栽后应立即搭设三角支架或设人工框架，以防树体摇晃，影响成活，在多风的北方地区尤为重要。

（2）肥水管理 小苗成行栽好后用水漫灌；而大树栽植，最好是栽前将坑中灌满水，待坑中水渗完后，将大树植入坑中捣实，让坑中的水返上来滋润根部，同时对倾斜苗木要及时扶直。下次浇水宜在坑边挖引水沟盛满水，让水慢慢渗透到银杏的根部。千万不要大水漫灌，很多人移栽银杏不活的主要原因不是干死的，而是泡死的。银杏容易形成春秋干旱，夏季积水，因此要注意浇好返青水及封冻水，生长季节天气干旱、苗木缺水时要及时补水，雨季要注意排水防涝。可在雨季来临前，每 15 ~ 20 天灌 1 次水，始终保持土壤湿润。

施肥应结合浇水进行，有水无肥，树体得不到充足的养分；有肥无水，肥料不能充分发挥作用。因此要做到栽前施足基肥，栽后适时追肥。3 月上旬发芽前每亩施尿素 100 千克；5 月上旬施尿素 50 千克，过磷酸钙 30 千克；冬季结合土壤深翻，亩施土杂肥 3 000 ~ 5 000 千克。

（3）中耕除草 在浇水和下雨后，及时中耕松土，以减少水分蒸发、杂草生长和土壤养分的消耗。可根据实际情况选择人工除草和化学除草等方法。

（4）修剪 修剪宜早，修剪量不应过大，避免徒长，保持各枝的均衡势力，注意回缩过大的枝条，以增强抗风能力。一般将过密枝、枯死枝及病虫枝剪除即可，但要注意保护中央顶梢。修剪要注意疏剪、轻剪，保持光照充分，树势均衡，必要时雄株也可改接优良雌性品种。

（5）病虫害防治 重点抓好“一虫一病”防治，“一病”即叶枯病，发病时间为 7 ~ 9 月份。可于发病初期喷 25% 多菌灵可湿性粉剂 600 ~ 800 倍，或 70% 代森锰锌 600 倍液，应视发病轻重，隔 15 ~ 20 天，喷 2 ~ 3 次。“一虫”是茶黄蓟马，于 6 月上中旬发现蓟马危害，结合防治叶枯病，喷布灭扫利 2 000 ~ 2 500 倍液 2 ~ 3 遍，或 80% 的桃小灵 800 倍液 1 ~ 2 遍，可收到较好的防治效果。

其次要抓好银杏干枯病的防治。防治方法：①加强管理，增强树势，提高植株抗性。这是防治银杏干枯病的关键措施。②及时清理并销毁重病株和患病死亡的枝条，彻底清除病原。③及时刮除病斑，并用1:100波尔多液或50%多菌灵可湿性粉剂100倍液或0.1%的升汞水、1%硫酸亚铁溶液、石灰涂白剂涂刷伤口，以杀灭病菌并防止病菌扩散。

第八章　银杏盆景栽培技术

银杏是中国盆景中常用的树种，银杏干粗、枝曲、根露、造型独特、苍劲潇洒、妙趣横生，是中国盆景中的一绝。银杏盆景主要有观实盆景、观叶盆景和树桩盆景3种类型。观果盆景主要欣赏果实，成熟前果实貌似橄榄，成熟后宛如金橘，配以绿叶，色彩悦目。观叶盆景偏重于叶形与叶色，强调色形俱佳、树形独特。树桩盆景力求苍劲嶙峋之雄姿，可以利用老树的根桩等养成干粗、枝曲、根露的孤傲气质（图27）。银杏盆景以其特有的形韵和深厚的文化内涵而深受人们的喜爱。目前，银杏盆景业已形成一大地方产业。越来越多的人关注银杏苗木盆景的造型艺术。制作优美的银杏盆景涉及银杏植株的培育、盆景制作和防冬季落叶等技术环节。现将主要技术环节简介如下。

一、容器选择

银杏盆景用盆以外形雅致、保水性强、透气良好的花盆、木箱和木桶为主，其中以不带釉的泥盆、紫砂盆为最佳。瓷盆、紫砂盆、塑料盆的渗水、透气性差，但外形美观大方；素烧盆与木盆的渗水、透气性较好，利于苗木生长，可根据目的与具体情况选择不同类型应用（图28）。盆的规格一般为口径20～50厘米，高20～60厘米，苗盆可选用直径15厘米左右的塑料花盆或育苗袋。选盆时避免使用近似黄色或绿色的盆钵。总之，盆与景的搭配，大小要适当，色彩要协调，形态要相称。

图 27 银杏盆景组图

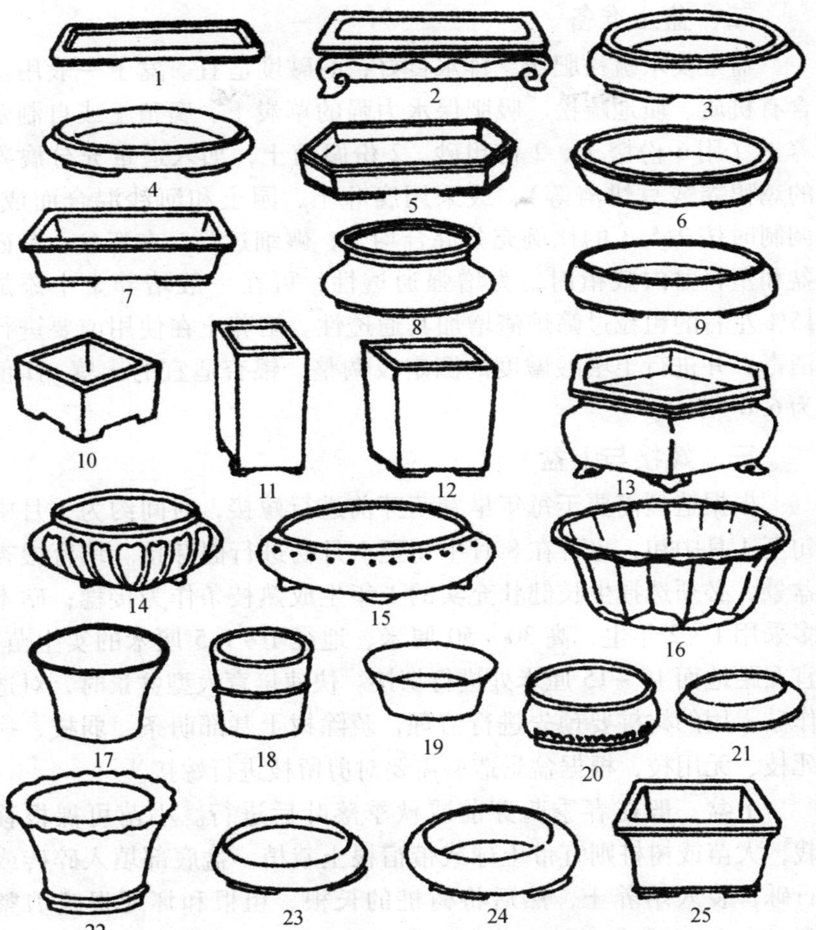

图 28 盆景用盆的名称及外形

1. 长方潜水盆 2. 条几式水盆 3. 箍腰圆浅盆 4. 箍腰浅水盆 5. 抽角长方浅盆 6. 圆形浅盆 7. 长方浅盆 8. 高颈圆钵 9. 腰圆浅盆 10. 斗方盆 11. 千筒盆 12. 方筒盆 13. 平肩六角盆 14. 高颈镂花盆 15. 兽足纹边盆 16. 莲花盆 17. 漂口圆筒盆 18. 平口竹节筒盆 19. 漂口圆浅盆 20. 镂花圆浅盆 21. 圆浅盆 22. 漂口圆筒盆 23. 平足圆浅盆 24. 圆浅盆 25. 漂口斗方盆

二、盆土准备

盆土要求疏松肥沃、排水良好，酸碱度适宜。盆土一般用富含有机质、质地疏松、吸肥保水力强的草炭土、腐殖土或自制营养土（用6份壤土、2份粗砂、2份腐殖土，加入适量充分腐熟的鸡鸭粪或豆饼渣等），或采用腐叶土、园土和河沙混合而成，调制时按2:5:3的比例充分混合均匀，碾细过筛。在瓷盆、紫砂盆和塑料盆内栽植时，为增强通透性，可在一般培养土中添加15%左右的粗粒过筛炉渣增加其通透性。培养土在使用前要进行消毒，并进行土壤酸碱度的测定及调整，银杏适宜的土壤pH值为6.0~7.0。

三、嫁接与上盆

根据造型需要于每年早春萌芽前进行嫁接，时间约为3月中旬至4月中旬，也可在8月中旬至9月初进行嵌芽接。培育银杏盆景，必须选择生长健壮充实的1年生成熟枝条作为接穗；砧木多采用1~2年生、高30~50厘米、地径1~1.5厘米的实生苗，宜在距地面10~15厘米处进行切接。快速培育大型盆景时，对选作砧木用的树桩要预先进行清理，疏除树干基部萌条、弱枝、病死枝、无用枝，根据盆景造型需要对剪留枝进行嫁接。

上盆一般在春季萌芽前或秋季落叶后进行。小苗可裸根移栽，大苗或树桩则宜带土球或带宿根土栽植。盆底部填入碎砖或石砾，装入培养土，然后将树桩的长根、粗根和坏死根疏剪整理，在2~3月份定植在盆中。栽植时先在盆内放一部分土，将根系修剪后的树桩放在盆中，让根系充分伸展，然后在盆内填土，边放土边轻轻抖动树苗，在根系较大时用木棒将根系四周的泥土插实，以免形成较大的空隙，用手轻轻按实后再稍微向上轻提，土面上留出3~4厘米以上的水口，上盆后及时浇透水，使根和土壤密接，稍干后及时松土，以利缓苗。上盆前可预先进行断根处理，这样有利于银杏盆景上盆后的成活并可增强树势。

四、造型要点

（一）造型时间

银杏盆景造型宜于上盆后的翌年3月份进行。银杏萌蘖苗本身根茎粗壮、形态多姿，可根据苗木的生长形态设计图案，因桩造势，按图索形，用金属丝或棕丝对茎干和主枝进行扭曲和攀扎，梳理曲直，将银杏制作成斜卧式、曲干式、悬崖式、龙游式等多种姿态。至初夏时，再将新枝攀扎并结合修剪进行造型。银杏枝条宜疏不宜密，枝叶可扎成片状。在7～8月，即盛夏之前就可将春季攀扎的棕丝或铁丝松解，待深秋叶落后再用细铁丝或棕丝将当年萌发的新枝作一次攀扎整形。也可将培育成活的盆栽银杏采用截干蓄枝法，根据树形略加修剪。

（二）银杏盆景造型技法

盆景造型的主要方法是攀扎和修剪，另外还有捉根、摘心、抹芽、剪梢等。根据盆景造型需要，采取拧、拉、绑、撑等方法，把可以利用的枝条用细麻绳、棕丝或金属丝（铜丝、铝丝等）进行攀扎固定，创造出盆景基本形态，初步形成银杏盆景骨架。根据个人的欣赏水平和审美观，可培养成弓形、丰字形、纺锤形、垂枝形、悬崖形、丛林式等树形。树桩盆景力求苍劲嶙峋之雄姿，可以利用老树的根桩等养成干粗、枝曲、根露的孤傲气质。观实盆景主要欣赏种实，成熟前种实貌似橄榄，成熟后宛如金橘，配以绿叶，色彩悦目。造型时应注意培养结实枝，辅之以人工授粉，种大粒美。观叶盆景偏重于叶形与叶色，强调色形俱佳、树形独特。银杏盆景造型最基础的技法有悬根、曲干、虬枝、逗顶等，简介如下。

1. 悬根

银杏树根粗壮肉质，粗而不肿，壮而不繁，极具美感，且性喜空气，宜裸宜露，最适于“悬根露爪”，造就盆景“扎根大地、本固干牢、不为风动”的气势和气概。悬根分直悬、平悬、织悬和扭悬。

直悬 将银杏苗桩根栽前梳理直顺，呈上小下大状，扣在盆中，外以细土堆压，日后逐渐上提下冲，众根在主干根盆下呈拱簇状，尤适合于直干式造型（图29）。

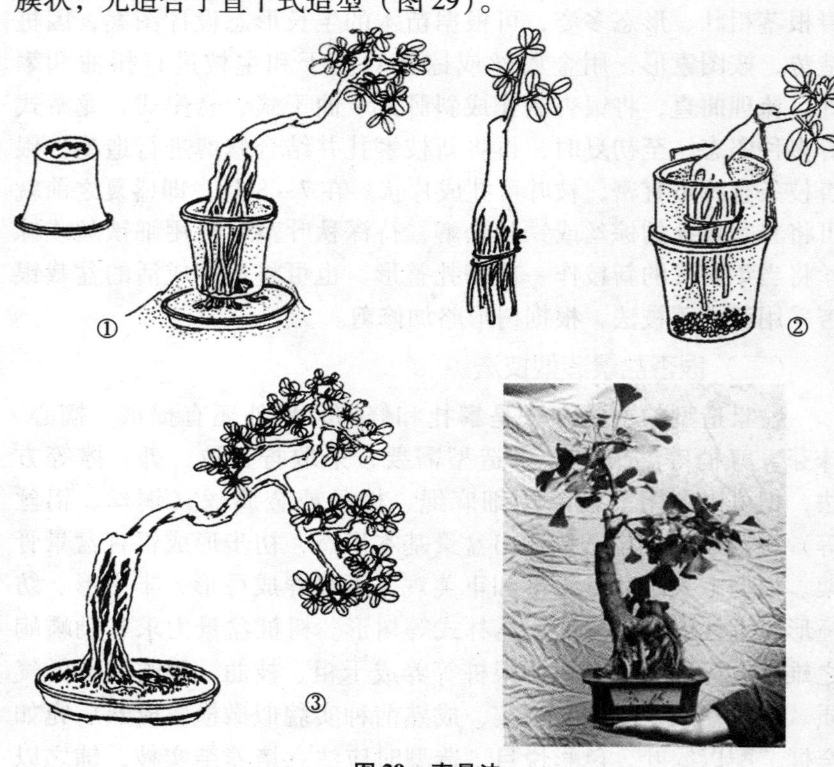

图29 直悬法

平悬 选取健壮的银杏盆景树材，将全部根系掘起，洗掉泥土，剪去所有向下根系，注意保留四周侧根，清理成放射型，用扁形物体如木板、瓦片等垫在根部下端，再用棕丝或易腐绳带将根系均匀地缚扎在垫物上。日后逐年垫土抬树，冲土露根，遂见树根几近水平向四周延伸，造就“四平八稳”的艺术效果，烘托主干及飘枝的挺拔与飞动等（图30）。

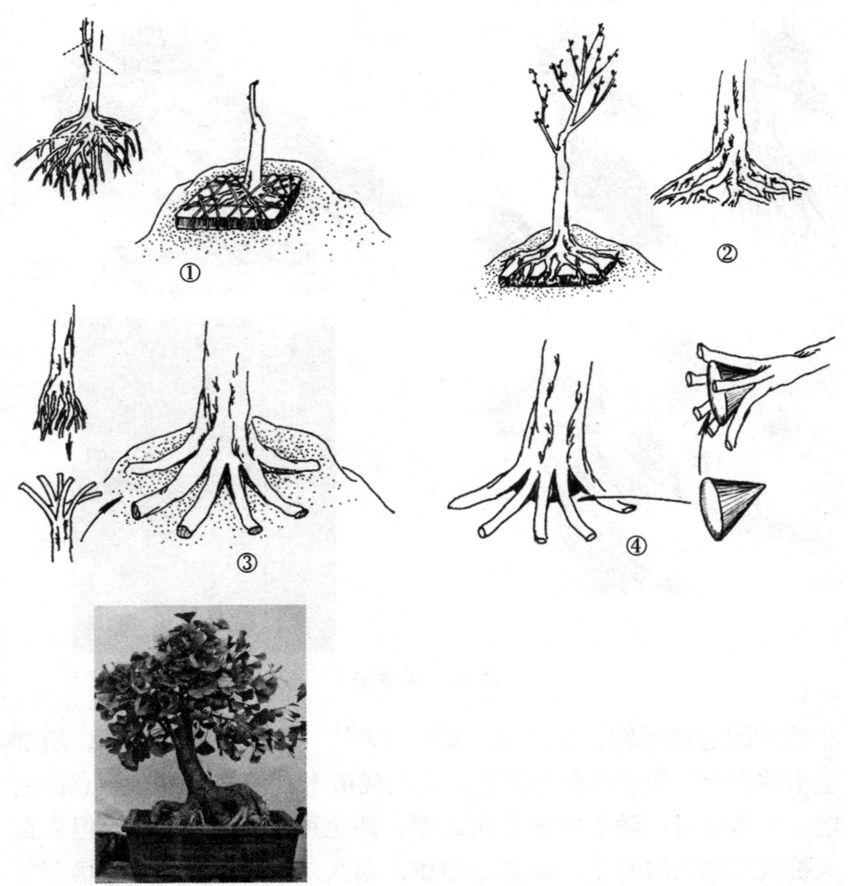

图30 平悬法

织悬 将银杏树根进行适当编织，然后栽植，日后冲去上部盆土，露出根部，遂呈“盘根错节”之态（图31）。

2. 曲干

银杏苗桩和树干多缺少曲度和变化美，为降低高干，压缩层距，增加力度与变化，促进早期结果，多采用“曲干”技法。曲干，即采用左曲、右曲、前曲、后曲、单曲、双曲、微曲、大曲、环曲或复合弯曲等多种方法，将平直无奇的银杏桩苗主干进行随

图 31 织悬法

心所欲的弯曲扭转，使之呈“C”、“Z”、“S”形或麻花状，增加主干的变化。至于曲状与曲态，完全视苗木桩的情况和造型意图而定。小苗期可以随心所欲弯曲造型，甚至可以打成“结”。但大苗大桩就不那么容易了，要借助器械，动大“手术”，经多年培养才可奏效。有时采用击打造瘤法，也能在干上造成“曲干糙皮”的效果，不过要在生长旺盛期适度、多次进行，切莫失度（图 32）。

3. 虬枝

银杏苗桩的侧枝一般有 3～5 个，多以 30°～50°斜向上直挺生长。在制作盆景时，要依需求（造型意志）作适度虬曲处理，可虬、可剪、可折、可扭等。虬枝不仅是造型美的需要，也是控制树势徒长、促进盆景粗壮、提前成型结果的需要。目前多以金属丝缠绕而后连同金属丝一并扭曲做弯，按三维方向随芽节做弯，

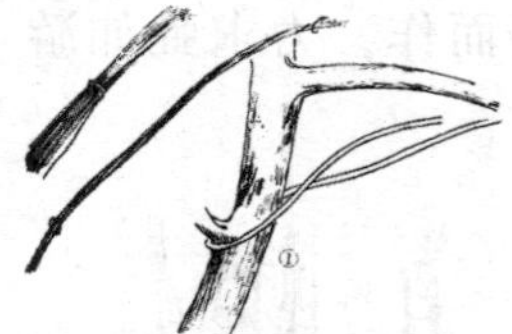

用棕丝进行捆扎

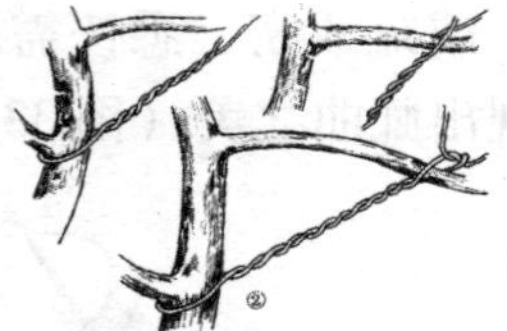

用棕丝进行捆扎方法之一

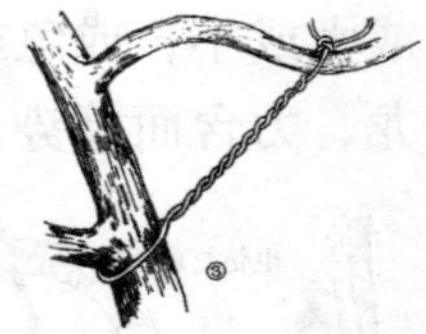

用棕丝进行捆扎方法之二

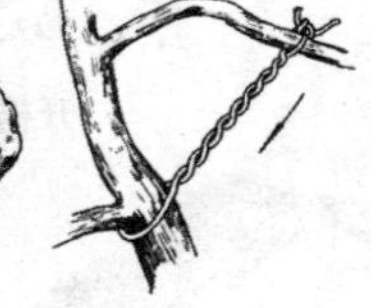
用棕丝进行捆扎方法：
向下弯曲 (1)

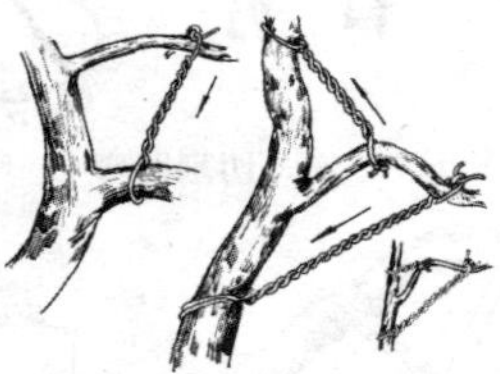
用棕丝进行捆扎方法：
向下弯曲 (2)

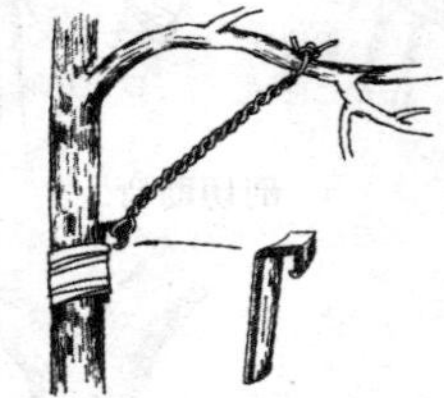
用棕丝进行捆扎方法：
向下弯曲 (3)
利用金属钩做为主干的固定点

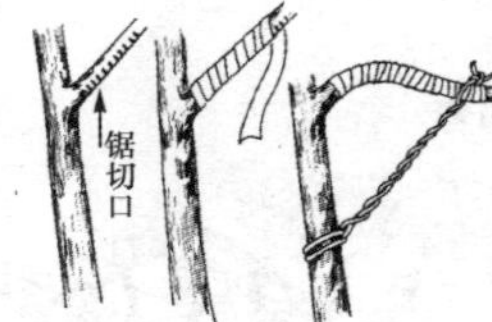

当枝条较粗大时，强行向下弯曲可能会造成折断，因此，可在枝条下方锯开一列切口，用塑料条包扎后再用棕丝进行捆扎

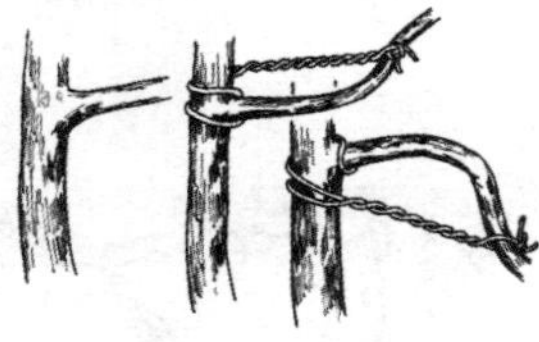
水平枝的水平弯曲

上扬枝的水平弯曲

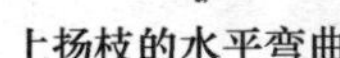
上扬枝的水平弯曲

下垂枝的水平弯曲

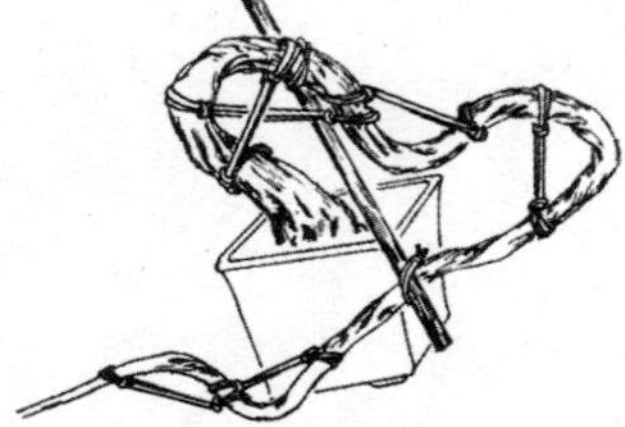
扭旋弯曲

连续弯曲

图 32 棕丝攀扎

或大或小，或急或缓，或疏或密，悉按需顺势而作，力求虬如游龙，力含而蓄势，表现出虬曲之美（图 33）。

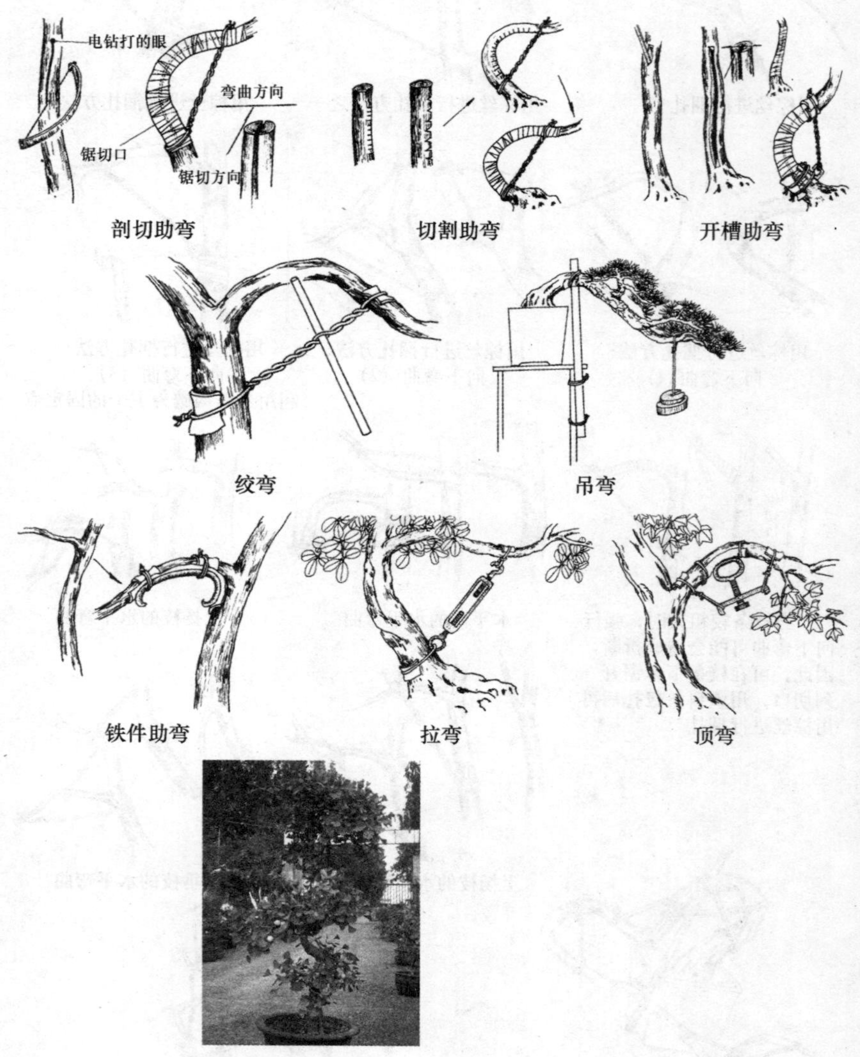

图 33 枝条弯曲的方法

值得注意的是，重剪可以虬枝，但不利于银杏早结果；“一寸三弯”不太适合节疏叶密挂果的银杏，枝势取“两弯半”即可（图34）。

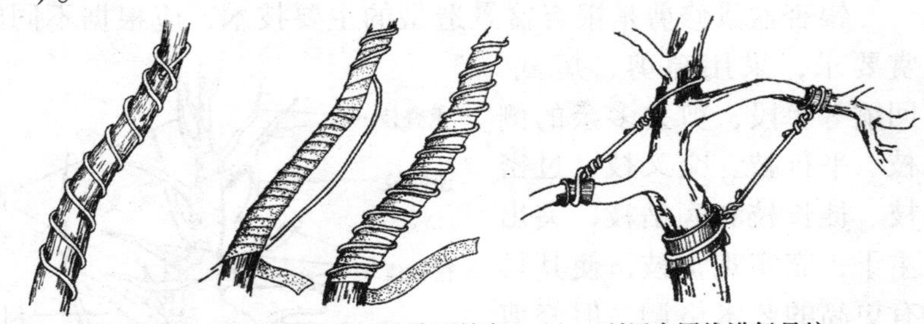

攀扎：用金属线对枝条进行缠绕，然后进行弯曲

如果怕金属线陷到枝条的表皮中，可先用牛皮纸、棉布、塑料制成带状，将金属丝包缠起来，必要时也可将攀扎的树干也包缠起来

利用金属线进行吊拉

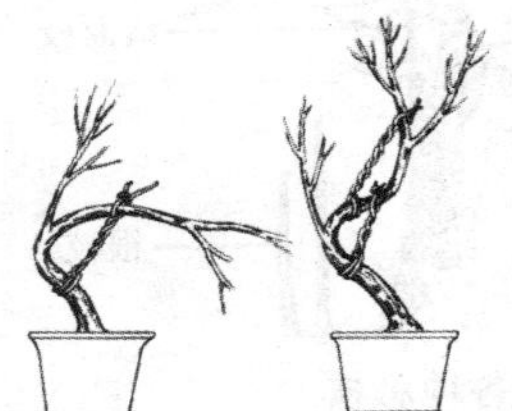

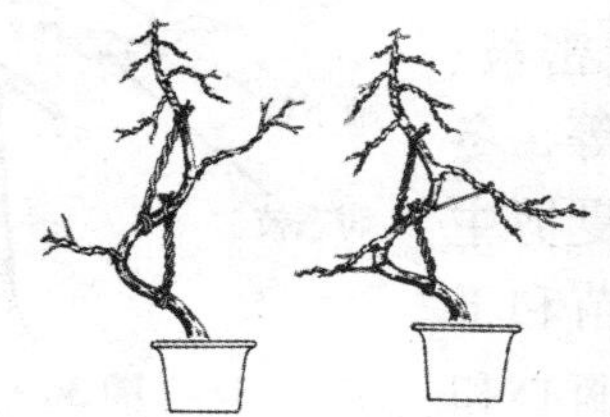

金属线、棕丝并用：小枝条用金属丝缠绕弯曲，较粗枝条用棕丝捆扎弯曲

图34 金属、棕丝攀扎

4. 逗顶

“逗顶”技法是以自然美为基础，创造出高雅、小而精、层次感强的形态美。所谓逗顶，就是在景树的主干达到造型高度之后，以扭曲变势的办法，控制其向上生长，减少剪口萌生，促进各侧枝生长，利于果枝、果芽早日形成（图35）。

图35 逗 顶

五、养护要点

（一）整形修剪

银杏盆景修剪是银杏盆景造型的主要技术，应根据不同的欣赏要求，采用疏剪、短截、回缩等手段，剪去多余的侧枝、平行枝、交叉枝、过密枝、徒长枝和病枯枝，突出主干，充实观赏枝，使其具有更高的艺术格调，但修剪应顺其自然，不能机械模仿（图36）。一年中在冬季和夏季进行2次修剪。冬剪主要是剪除交叉枝、过密枝、徒长枝、病枝、枯枝等，冬剪要和整形相结合。夏剪主要是剪除根部的萌蘖苗和干上的徒长枝，并进行摘心和摘除部分短枝顶部过稠的叶片，使之通风透光，形态更加完美，枝条充实健壮，树冠形状丰满（图37）。

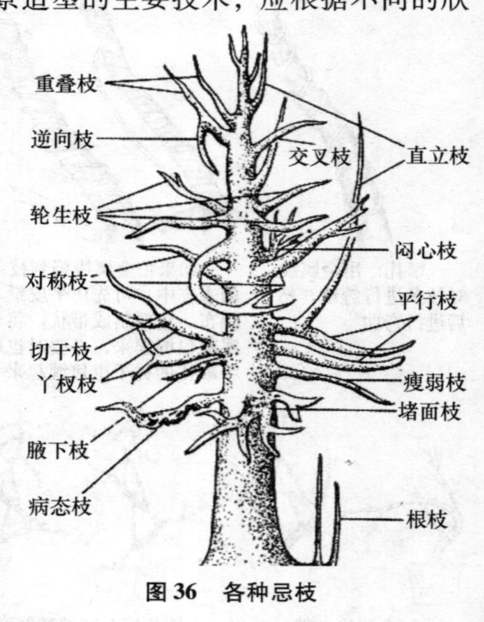

图36 各种忌枝

银杏盆景要根据个人的欣赏水平和审美观点，培养成合适的树形。如弓形、二层平展型、“十”字形、纺锤形等。弓形可用直径2~4厘米的铁丝曲成弓形，于翌年春季固定于盆中，将新枝顺树形进行绑扎，3~4年完成整形。二层平展型、“十”字形、纺锤形，这3种树形可通过撑、拉、别、曲等措施，将枝条固定在预期的位置上，逐年进行整形修枝，第三年时，在树冠上部向阳面选择一壮枝，嫁接雄枝，以备授粉之用。

定位剪

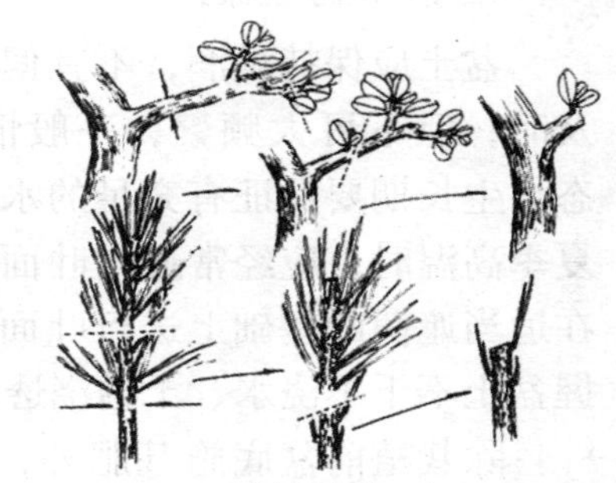

逼芽缩剪

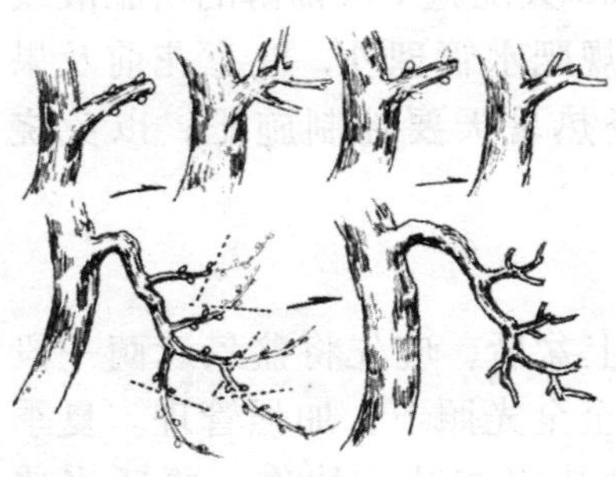

缩剪

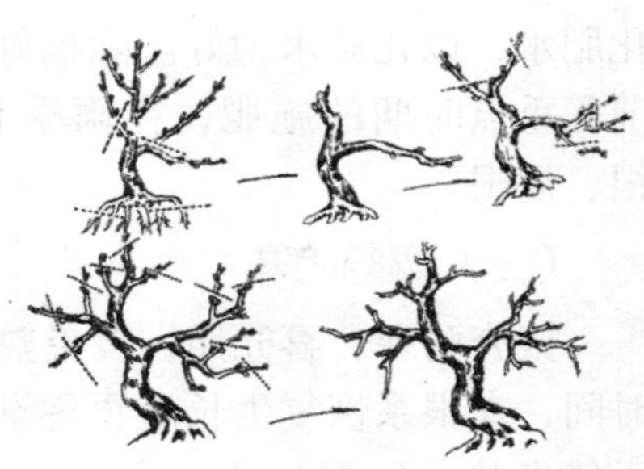

缩剪造型

花果盆景的缩剪

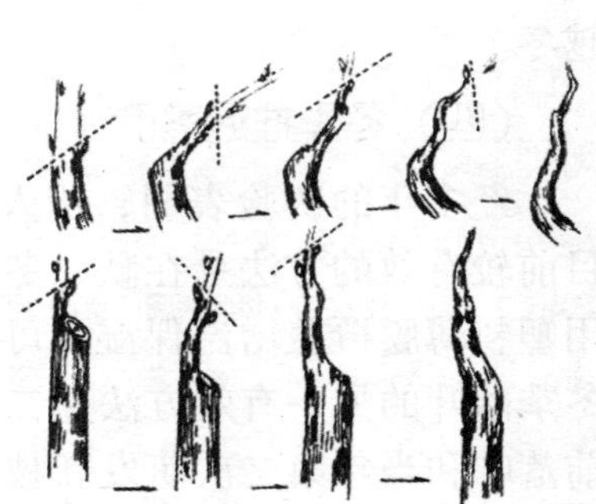

缩剪中的枝条弯曲

图 37 缩剪技法

（二）浇水施肥

盆土应保持湿润，不宜偏干，也不宜积水。盆栽银杏浇水要及时，但不可太频繁，一般情况下，应使盆土保持湿润偏干状态。生长期要保证有充足的水分，盆栽幼苗每 2～3 天淋水 1 次。夏季高温时，应经常进行叶面淋水，特别是露天放置的盆景，要在适当遮荫的基础上进行叶面淋水降温。冬季减少浇水次数，掌握盆土不干不浇水、干透浇透的原则。

除栽植前盆底施基肥外，每年的春季萌芽前和秋季落叶后，大约在 2 月和 8 月，要各施 1 次腐熟的饼肥屑或复合肥。生长期结合浇水进行追肥，一般间隔 15～20 天浇施 1 次稀薄的饼肥液或化肥水，以化肥水为好。除搞好常规肥水管理外，注意花前及果前等重点时期的施肥，在雨季和炎热暑天要控制施肥，以免烧根、烂根。

（三）遮荫防寒

银杏耐寒，喜光照，畏炎热。上盆后，应先将盆景遮荫一段时间，在根系恢复生长后再逐渐移至全光照下，加强管理。夏季天气炎热，气温过高，容易引起盆栽银杏叶片灼伤，要适当遮荫，避免强阳光直射。冬季，可在室外挖沟埋盆越冬，或入室越冬。

（四）冬季推迟落叶

经多年的实验表明，用人工方法推迟银杏的落叶是可行的。目前较有效的方法是在秋、冬季节寒流到来之前喷施保叶素，并用塑料薄膜覆盖增温保湿，可防止银杏落叶，延长观赏期。防止冬季落叶的另一有效方法是二次发梢技术，即人工处理使银杏提前落叶和当年第二次萌发新枝。一般是在银杏每年的第二个生长季节中（10 月份），用药剂处理或人工剪叶，并进行长枝截短，促使侧芽萌发生长。二次发梢技术还必须与施肥和保温措施配合使用，才能取得理想的效果。

（五）翻盆

每隔 2 ~ 3 年翻盆 1 次，以春分前后为宜。结合翻盆、换盆，剪去过长根系，换去 1/3 ~ 1/2 的旧土，培以肥沃疏松培养土，最好在盆底施饼肥屑为基肥。银杏寿命长，生长缓慢，但抗病虫害及抗污染能力强。盆景在养护中，应注意盆土不能过湿，以防发生根腐病。盆景制作全过程见附图 2。

第九章　银杏行道树的栽培管理技术

行道树是指种植在各种道路两侧及分车带树木，其分布非常广泛，可以起到补充氧气、净化空气、美化城市、减少噪音等作用。银杏和欧洲椴、北美鹅掌楸、悬铃木、欧洲七叶树并称为世界五大行道树；与雪松、南洋杉、金钱松并称为世界四大园林树木。我国的园艺学家也常常把银杏与牡丹、兰花誉为“园林三宝”。银杏是做城乡行道树最理想的树种之一，其优点超过杨、柳等树种。近代，银杏已被广泛用于家庭观赏绿化和行道树，如北京、沈阳、成都等地的行道树，风格独特。外国的许多国家也将银杏作为优良的绿化树种，用作行道树。据 1982 年日本对 229 个主要城市的调查表明，银杏行道树在树种分类上占第一位，约占行道树总数的 17%（图 38）。

图 38　日本东京大学安田讲堂前面的银杏树

银杏树姿雄伟壮丽，树干光洁，枝密荫浓，叶形秀美，寿命较长，病虫害少，最适宜作庭荫树、行道树或孤植风景树，具有良好的观赏价值。银杏树干受损后愈合能力强，枝干受刺激后易抽生新枝，耐修剪，可整成各种树形。银杏病虫害较少，一般不必喷洒农药，减少了对城乡环境的污染。银杏用于作街道绿化时，应选择雄株，以免种实污染行人衣物。亚洲百年银杏行道树的道路有六条，其中三条在中国丹东。银杏适应性强，栽培地域广，作为世界五大行道树之一，为全国各地行道绿化的首选。下面介绍一下银杏作为行道树的栽培技术。

一、选苗

行道树的实际应用，应根据道路的建设标准和周边环境的具体情况，确定适当的树种、品种，选择合宜的树体、树形。用于行道树的银杏苗，宜选择生长健壮、无病虫害，主尖完好、主干通直，树冠丰满，分枝均匀、美观、整齐的苗木，分枝点高度2.5～3米；选择便于起挖、吊装及运输的苗木；以选用胸径10～15厘米的苗木为宜。要求苗木健壮，根系发达，木质部发白，根皮略成红色，与木质部紧密相贴。若根系变黑，即使树干呈绿色也可能早已死亡。作为行道树应多选用实生苗或雄株，树干直立，树形一致。

银杏行道树苗木规格要求

● 树体大小尽可能整齐划一，避免因高低错落不等、大小粗细各异而影响审美效果和带来管理上的不便。

● 树体规格的选择要适宜，不能超出与街道两侧建筑的景观比例要求，其体量大小和生长形态应达到设计的特定要求，并能经受住时间的检验。

二、土球要求

起挖前，为减小土球直径，应铲去树干周围的表层土，以见到毛细根为度。然后确定土球直径。对实施断根缩坨的大树，应在比原来大10～20厘米处开挖，以保证不破坏长出的新根；对未经过断根缩坨的以大树胸径的7～10倍为土球直径的大小掘苗即可保持足够的根系。土球厚度约为土球直径的2/3，当挖到合适厚度时，用挖锹从四周往里掏，到树木只剩下主根未切断时，开始用草绳打包装，常用的是橘子式和“井”字式，或两者结合使用。

三、平衡修剪

由于在运输过程中有可能折损主枝，所以如果条件（人力、物力、场地）允许最好在现场修剪，否则在起苗后就应及时修剪。银杏顶端优势明显，为保证树形，原则上不允许打尖、短截，以疏为主，重点修剪大枝，只剪去病虫枝、交叉枝、重叠枝、徒长枝、损伤枝，疏剪轮间密集枝，适当疏剪每轮内的过密枝。这样树冠恢复快，绿化效果好。修剪原则是在保持树型完整、枝条分布均匀、有利于通风透光的基础上，修剪量控制在1/3。修剪时树下要有专人指挥，以便保护整体树型。修剪伤口直径大于2厘米的，必须涂抹油漆或其他保护剂，防止伤口腐烂。

银杏行道树定干高度要求

● 在同一条干道上应相对保持一致，在路面较窄或有大型车辆通过的地段，行道树的定干高度，以3~3.5米以上为宜。

● 在较宽的路面或步行商业街上，可降至2.5~3.0米，分枝角度小的树种可适当低些，但也不能低于2米。

银杏若需修剪只能疏枝，不准短截。对轮生枝可分阶段疏除。

行道树中乔木的修剪，除按以上要求操作外，还应注意以下规定。

①行道树的树型和分枝点高度应基本一致，分枝点高度最低标准为2.8米。郊区可适当提高。

②树木与架空线有矛盾时，应修剪树枝，使其与架空线保持安全距离。

③在交通路口30米范围内的树冠不能遮挡交通信号灯。

④路灯和变压设备附近的树枝应与其保留出足够的安全距离。

四、栽植技术

银杏行道树的栽植点以道路的长短、曲直、宽窄而决定。早春萌芽前栽植易成活。修建道路时，往往在道路两侧埋有石灰渣、水泥渣、沥青渣等，栽植时必须清除干净，然后客土。种植时应选择土层深厚肥沃，有机质含量为1%～3%，透气透水性能好的土壤。作为行道树，银杏多以单行栽植为主，双行栽植的甚少。单行栽植的银杏树，株距可采用4～6米，待株间交叉后可隔株间伐，以后无需再作调整。双行栽植的银杏树，行距可采用6～8米，株距保持不变。

银杏作为行道树，栽植点上的土面至少要保留2米×2米的面积。栽植穴应比土球直径大20～30厘米，比土球厚度深15～20厘米，穴的上下、大小一致，切忌挖成锥形或锅底形。银杏行道树栽植穴的规格应为长、宽、深各为1.0米。坑底放入腐熟的有机肥后再加入20厘米厚的熟土，使其充分混合，以免烧根。必要时，换适于树木生长的园土或培养土。吊装树木入穴时，将树冠最丰满面朝主要观赏方向。栽植深度比原土球略深5～10厘米。树木入穴固定好位置后随即拆除包装物或全部剪断埋入深土中，然后埋土，当埋到一半时踩实，之后再埋土、再踩实。最后，在树穴外围做浇水堰，高25～30厘米。每栽一株，都要由专人用眼睛“吊线”，绝对避免以往行道树左歪右斜的不良做法。

具体的银杏栽植技术可以归纳为“壮苗、大穴、足肥、土实、浅栽、透水”六方面。

1. 壮苗

栽植苗要粗壮，根系应完整，无病虫害，树干、根系无大损伤。随挖，随运，随栽，随浇，随管。目前，银杏苗木中间商很多，苗木品质良莠不齐，有的把银杏大苗购来后，假植2～3个月还未能出售。这种苗由于水分失去太多，栽植后很难恢复，出芽不齐，成活率极低。

2. 大穴

栽植穴要大，一般挖0.8～1平方米。如果苗木大，树穴要相应加大，一般掌握穴径是苗木胸径的15～20倍这一原则。

3. 足肥

栽植银杏时，穴中要施足基肥，最好是充分腐熟的有机农家肥。肥料与熟土充分拌匀后，施在穴的中部或中上部。之后放20～30厘米的熟土，以防根系直接接触肥料而烧根。无合适的肥料，不要勉强施用。农家肥必须经地堆沤、腐烂、发酵，充分腐熟后才能做基肥使用，化肥要少施。

4. 土实

栽植时，埋土一定要实，填一层土，踏实一层，层层踏实，使苗木根系与土壤密切结合。切记只能用脚踏实，不能夯实，以防伤根。第一遍透水浇完时，结合封坑，再踏实几次，以防根部透风，苗木倒伏。

5. 浅栽

栽植银杏时，浅栽尤为重要，这与银杏根系特点与发根温度有关。栽植深度大，地温上升慢，土壤透气性下降，湿度也大，对根系伤口愈合和发新根不利。浅栽后地温上升快，土壤通气性好，根系愈合早，发根快。

6. 透水

栽植后10～15天内，灌溉3遍透水，使穴内土壤和苗木根系密切结合。这样，植株根系能充分吸收水分，有利于苗木水分平衡，提高成活率。

五、栽后管理

银杏栽植后的管理很重要，具体要注意以下几点。

1. 适量浇水

这是银杏栽后最关键的问题。此时的浇水至关重要，水量大会导致烂根，缺水又会影响苗木生长。栽后5～7天浇水。在城市栽植的银杏实生大苗，栽植后应在距地面1.5米高的一段树上缠上草绳。视天气干旱情况每10～15天向草绳喷洒1次水，以保证成活率。同时还应设立支架强化保护。银杏成活后，无须经常灌水，一般在土壤化冻后发芽前浇第一遍水。5 月份，如天气干旱，可浇第二遍水，以利于银杏的生长发育。根据天气情况，合理安排浇水，浇则浇透，防止拦腰水、表皮水，浇水后还要注意松土保墒。阴雨天少浇或不浇水，并及时排除积水。

2. 树木支撑

栽植后应立即支撑，以防风吹树冠歪斜，同时固定根系利于根系生长，避免行人摇晃或大风天气影响树木生根，也可避免砸伤路人。常用的方法有铅丝吊装或支柱支撑。一般采用三柱支架固定法，将树牢固支撑，确保大树稳固。一般 1 年之后大树根系恢复好方可撤除。

3. 适当施肥

银杏栽植成活后，要根据苗木的生长情况合理确定施肥量。施肥一般以有机肥料为主，适当配合专类化学肥料。施肥方法可以沟施、穴施、撒施等。施肥在春秋两季，在树冠外围，用环状施肥法或打洞的方法，施 1 次腐熟的有机肥，施后浇水。

“种植银杏树，三年活不算活，三年死不算死”，即银杏有假活、假死现象。

有些银杏即使根系死了，叶子还能展开，甚至第二、第三年还能发芽，但叶子很小。待树体内养分耗尽，它才不发叶了，这是银杏的假活现象。

有些银杏栽植后，第一年不发芽，甚至第二年还不发芽，但树皮依然鲜绿，到了第三年才开始发芽展叶，这是银杏的假死现象。

4. 其他注意事项

在养护过程中需及时中耕除草，减少杂草，有利于树木生长，同时改善土壤的通气条件，促进根系生长，萌发新根。及时清除主干上的萌芽和树池里的杂草，注意病虫害防治。如发现树木确实已经死亡的，应及时更换补栽。对于“假死”树木，应加强日常养护管理，避免不必要的麻烦和经济损失，而且补栽苗木也要有一个很长的缓苗过程。

冻水和返青水 秋末或冬初及时浇防冻水，有利于提高树木越冬能力，防止早春干旱，尤其对于新栽树木，是必不可缺少的；来年早春按时浇足返青水，有利于新梢和叶片的生长，树木生长健壮。

第十章　银杏大树移植栽培技术

大树移植是指乔木胸径大于15厘米的大树移植。银杏大树移植可以迅速达到绿化、美化的园林效果，也是保护在城市改、扩建工程中的古银杏和已有银杏大树的有效手段。胸径15厘米以上的大树移栽已经成为城市绿化、园林栽植和疏密扩面的常规性工作，如何提高大树引进、栽植的成活率，直接关系到移植地的生态效益、景观效果和经济效益。

一、移植银杏大树的要领

经过多年的悉心研究和对比，对移植银杏树的栽培总结为四句话：

苗壮穴大基肥足，干土填穴层层实，

苗要浅栽水要透，高高培土莫迟疑。

银杏树栽植后，要连续浇3次透水。冬天1次即可，然后用土填好，平安过冬。

二、银杏大树移植操作流程

（一）移植前的准备

1. 组织人员测量选取符合标准的银杏树

在移植银杏大树的选择上应尽量选择苗圃培育的、经过多次移植成活的“熟苗”，不要选择没有经过移植或者在农村山区散生的“生苗”。在树体选择上应选择生长健壮、无病虫害、树形优美的大树。同时对大树生长地和移植地的立地条件进行评估，避免两地立地条件差异过大。大树生长地应地势平坦，交通方便，便于机械作业（图 39）。

图 39　测量选取符合标准的银杏树

选树的规范

①长势缓慢，树冠丰满，树干低，树皮厚，树体老接的树成活率高；

②根系生长受到障碍物阻碍无法向外扩张的树移植成活率高；

③选择移植的大树多为苗圃里的树，公路边的树和房前房后的树；

④选择便于挖掘、吊装及运输的树。

银杏树形验收参考标准

①规格：胸径 20 厘米以上（按标准正负不得大于 2 厘米），且测量位置为土球平面距树冠 1 米处，不足 1 米开丫的在开丫下测量；

②树形要求：树冠饱满匀称；

③树根根系完好，无假根、烂根，原土土球，包装完好（图40）。

2. 移植时间的选择

总的原则是在树木发芽前完成。落叶后至翌年春季萌芽前都可以进行，最好在落叶后至封冻前移栽。此时地温尚高，有利于移栽树木根系的愈合；树木进入休眠期后，树木新陈代谢基本停止，大树经历冬眠后生理代谢趋于复苏，易成活。早春气温逐渐升高，土壤水分充足，树木根系在较低温度下可开始活动，有利于水分代谢平衡。因此，早春和晚秋是大树移植成活率较高的时期。

图 40 银杏精品树形

（二）挖掘

1. 挖掘前准备

（1）大树移植前的断根处理

①5 年内未做过移植或断根处理的大树，应在移植前 1～2 年进行断根处理；确因工期紧张无法满足上述要求的，至少提前 6 个月断根；

②断根应分期、分区交错进行，其范围宜比挖掘范围小 10 厘米左右，断根区应回填富含腐殖质的土壤；

③断根时间宜在立春天气刚转暖到萌芽前、秋季落叶前进行；

④对断根伤口进行防腐处理。

“断根缩坨”处理 需移栽的大树，应于 9 月中下旬进行切根处理。以大树为中心，以大树胸径的 3～4 倍画圆，在圆圈外挖 30～40 厘米的沟，深度依大树的根系分布而定，一般为 60～80 厘米。挖掘过程中直径小于 5 厘米的根齐着沟内壁剪断，直径大于 5 厘米的根系一般不剪断。在沟的内壁处环状剥皮并涂抹 20～50 毫克/千克的生长素（萘乙酸、吲哚乙酸、1 号/2 号生根粉等），促发新根。沟挖好后添入肥沃的土壤并分层夯实，然后浇水。若时间允许，这个过程最好分 2 个生长季完成。

（2）大树移植前的修剪处理 在不影响观赏效果的前提下，

尽量对树体进行修剪。一般来说，落叶乔木易发枝的剪去树冠的1/2，不宜发枝的剪去树冠1/3。对于较大的修剪伤口用杀菌剂处理后蜡封，对观赏面和阴阳面进行标记。

栽植修剪要求

①树冠修剪必须保管树的总体框架，去除枯枝、劈裂枝、内膛枝；

②顶端枝条75°修剪，以防灰尘积累和病菌繁殖；

③树冠修剪量要求视树种不同而有所不同，主要以土球大小为准则，同时以土球根系状况控制修剪量；

④修整磨损的根系，清理腐烂的根系。

关键点 修剪时掌握"整个断面无黑点无腐烂"准则。

2. 组织人员挖掘

挖掘前用适当的拉绳固定树体以确保安全，然后以树干为中心，以大树胸径的4~5倍为半径画圆，在圆圈外开沟挖掘。沟宽60~80厘米。挖掘过程中对于细小毛根可用利铲直接铲断，对于粗大根必须用手锯锯断，切忌用刀铲硬伤，以免撕裂根系。土球高度一般为其直径的60%~80%，挖到土球的一半时逐渐收底，最后形成上大下小的倒圆台状土球。

3. 做好根部土球的包装

挖掘完成后对土球进一步修整，使土球光滑便于包扎。可用多菌灵、恶霉灵、福美双混合溶液喷洒，对土球进行消毒处理，尤其对于大的根系伤口应及时处理。有条件的还可在伤口上涂抹生长素（20~50毫克/千克的萘乙酸、吲哚乙酸或1号、2号生根粉溶液）。药剂处理完成后用浸湿的草绳捆扎土球，一般用鸡笼式捆扎法进行捆扎（图41）。

图41 包装土球

土球起挖与包扎规范

①起挖工具准备要充分；

②起挖时间越短越利于成活；

③超大规格的树有条件的应预先缩坨断根；

④起挖土球大小必须符合规范；

⑤起挖时碰到粗大根系必须用锋利的铲或锯子切断；

⑥土球包扎腰鼓与网络以紧为原则。

（三）吊装运输

大树吊装前应该对树冠进行必要的修剪绑缚，以便吊装运输。对树干吊装绑缚处用草绳等柔软物体包扎保护，吊装过程中应注意避免损伤树皮和碰散土球。大树吊入汽车后树冠向后，土球下垫土或草绳等柔软物体，土球两边用土或沙袋垫住，并用绳子将土球固定。树干上包扎上柔软材料后放在木架上，用绳子固定，注意树冠不能拖地。在运输途中要遮荫并注意喷水保湿，以防水分损失过多（图 42，图 43）。

图 42 银杏树吊装

图 43 大树运输

装运要点与技术处理

①争取在最短的时间内完成挖掘到移植的过程；

②装运过程中保护土球不松散，土球两边用土包固定；

③装运过程中注意维护枝干与树皮不被磨损；

④经常对叶面和树干喷水，最大限度地减少树叶水分的蒸发；

⑤罩上遮荫网，减少顺风晃动，减少树木的招风面，树体需用绳与车厢紧密连接。

吊装带的使用规范

①土球小于80厘米的小树用10厘米宽的吊带直接吊树干；

②土球大于80厘米的乔木用宽10厘米以上的吊带，加维护物吊土球；

③吊装方法：用10厘米以上宽的吊带打成“O”形油瓶结，拖于土球下部。然后在树干上放打活结，75°起吊（图44）。

图44 大树吊卸

（四）定植

1. 定植前的准备

按照设计要求开挖种植穴，种植穴直径应大于土球直径40～50厘米，深度大于土球高度20～30厘米，四周光滑。挖掘完成后在底部垫20～30厘米的种植土，然后把种植穴用杀菌剂消毒。

2. 定植

大树运到后必须尽快定植。先将树冠的绑扎物去除，做好对于吊装运输过程中造成的枝干损伤的消毒处理。银杏树最忌深栽。起吊大树进入种植穴，扶正树冠，调整大树朝向和种植深度（注意大树种植一定不要过深，保持原来深度即可），合适后填入一部分土，固定大树后去除土球包扎物，然后分层填土压实。若土壤过于黏重，可掺入沙子、珍珠岩、有机肥等改善其透水透

图45 设立支架

气性能。填土至 2/3 处设立支撑，一般用三柱式或四柱式（图 45）。支撑牢固后浇水，水一定要浇透，然后填土埋住全部土球。

（五）主要分项工序注意要点

①银杏树的选取必须达到根系发达，无假根、烂根；

②银杏树的挖掘必须要先选准主根，做到合理断根，土球包装要严整；

③每棵要移栽的银杏树应复检后方可包装主干，主干包装要严密，真正起到防碰伤，防脱水的作用；

④装车时注意树冠的收拢，既要保证运输安全又要保持银杏树的冠幅优美，尽量不截干。

（六）移植银杏树的注意事项

银杏树最忌深栽，苗木栽植的深浅直接影响今后的生长，银杏树对土壤的通透性及肥力的大小反应灵敏，因此它的根系多呈水平分布于地层表面，既便于呼吸，又便于对养分和水分的吸收，新根发育较快，苗木生长旺盛。苗木一旦深栽，由于通透性较差，低温可导致苗木发育缓慢甚至停止。即使侥幸生长，叶片也多如铜钱大小，2～3 年内不能正常生长。如果地块涝洼、积水，则会很快导致苗木死亡。移栽深度与原深度相同即可。

三、银杏大树定植后的养护

要使大树在移植后成活并恢复生机需要细心的养护管理，在移植后 1～3 年里日常养护管理十分重要，尤其是移植 1 年内的养护管理，这是大树移植成功与否的关键所在。

1. 树干包扎喷水保湿

定植完成后用草绳把大树主干和 1 级分枝近主干处包扎，避免强阳光直射和干热风吹袭，减少树体的水分蒸发。炎热的夏季又可往草绳和树体上喷水，调节枝干温、湿度。喷水时一定喷匀，应避免水滴下使根部积水。现在比较有效的办法是给树体输液

(打吊针)，既能给树体补充水分，又可避免喷水过多使根部积水。

2. 搭棚遮荫

夏季气温高，树体蒸腾作用强烈。为了保持树体水分平衡，应及时搭遮荫棚降低蒸腾。但要注意不能遮荫过严，一般以遮荫70%左右为宜，以便让树体接受一定的散射光，保证树体的光合作用。荫棚距离树体一般50厘米左右，保持棚下空气流通，防止日灼危害。

3. 土壤水分管理以促发新根

大树栽植后根部一定要有良好的透气条件。新植大树根系受到了一定的损害，吸水能力减弱，因此土壤保持湿润即可。水量过大反而影响土壤的透气性能，抑制根系的呼吸，对新根生长不利，严重的还会导致根系腐烂死亡。因此对大树的浇水一定要慎重，定植第一次浇透水后，隔1天浇第二水，以后视天气情况和土壤含水量情况严格分析，谨慎浇水。另一方面要防止树穴积水，浇水后填平种植穴，使其略高于周围土面。地势低洼易积水的要挖排水沟，保证不积水。不能挖排水沟的可在土球周围埋上几个PVC管，并在管上打上许多小孔，平时注意检查小孔是否堵塞，管内有了积水应及时抽走。这样既排除了积水，又增加了土壤的透气性。土表变干后要及时中耕，若土壤含水过大可深翻处理。以上这些措施主要是促使大树的新根生长，是大树能否成活的根本需要。

4. 预防病虫害和施肥

大树移栽后，其生长势降低，对病虫害的抗性降低，所以要经常检查，以预防为主。根据病虫害发生规律和树种特性，及时防治，对症用药。大树定植初期每隔半月左右可进行根外追肥，以利大树恢复生长势。可用尿素、硫酸铵、磷酸二氢钾等速效肥料制成0.5% ~1%的溶液，在早晚或阴天进行叶面喷施。根系萌发后可勤施薄肥，促进大树的恢复生长。

5. 防冻处理

新植大树易受低温危害，入秋以后应注意减少施用氮肥，同时增加施用磷、钾肥。根据树木生长情况逐步撤除荫棚，提高光照强度，加强树体光合作用强度，提高树体根系和枝条的木质化程度，提高大树本身的抗寒能力，并及时对树干涂白。冬季寒潮来临前，宜采取覆土、覆盖、设立风障等方法加以防寒保护。

附录1　银杏栽培技术图说

银杏是我国特有的一种多用途树种，适应性强，无论是低山丘陵还是平原地区均适合其生长。目前，银杏栽培模式有银杏核用园、银杏叶用园、银杏花用园、银杏材用园和银杏盆景等。银杏核用园是生产中应用最为广泛的一种栽培模式，结果早、品质好、产量大、综合效益高。本附录重点介绍核用园栽培模式的共性技术。

一、银杏品种

银杏也叫白果，是与恐龙同时代的长寿植物。银杏的种子、叶、花粉均具有药用价值和营养价值，已广泛用作核用林、叶用林、材用林、花用林和绿化观赏树种。银杏品种很多，成熟期一般在9月中下旬至10月上旬，适合江苏栽培的核用优良品种有大佛指、大马铃、宇香、亚甜、洞庭皇等。

二、生长过程

银杏为大型乔木，雌雄异株，寿命可达数千年。播种苗需要15~20年才能结果；嫁接苗5~7年开始结果，结果期长达数百年（图1）。

三、播种苗（砧木）培育

3月份播种前20~30天，将沙藏过的种子用30℃温水浸泡2~3天，保温、保湿催芽，室温控制在25℃，处理18天发芽率可达85%。催芽过程中陆续发芽的种子要随捡随播。播种切除根尖2~3毫米，开沟深度2~3厘米，覆土2~3厘米。播种后10~

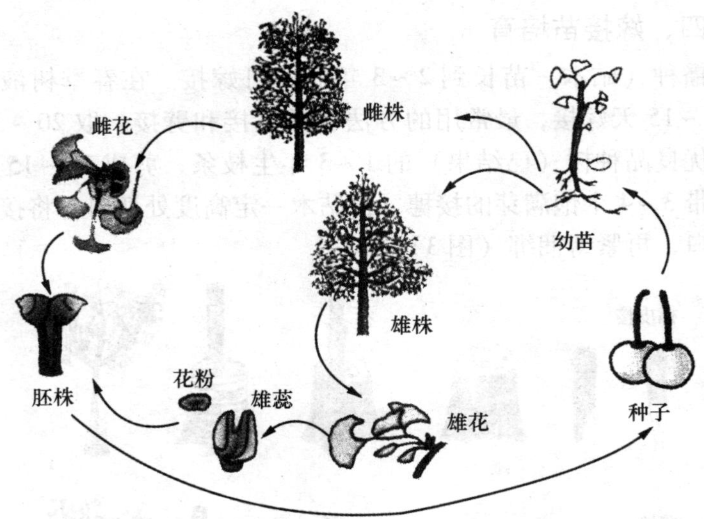

图1　银杏生长过程（银杏收益期长达几百年）

15 天苗木出土，5 月中旬进入速生期，追肥 2 ~ 3 次，每次施尿素 5 千克/亩，同时浇水灌溉（图 2）。

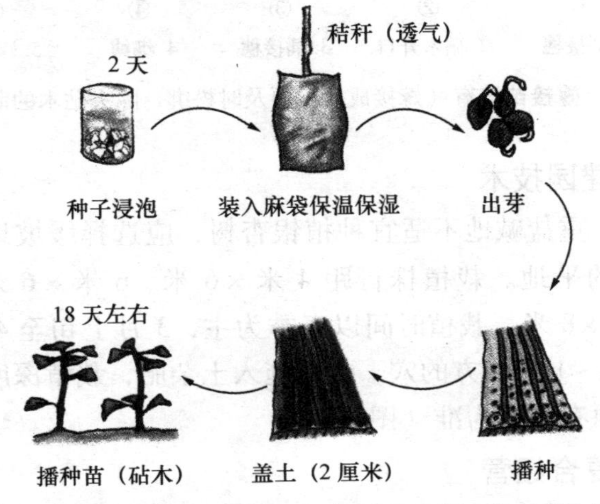

图2　播种苗的培育（催芽后播种苗木出土快且整齐）

四、嫁接苗培育

播种（砧木）苗长到 2 ~ 3 年后即可嫁接。在春季树液流动前 10 ~ 15 天嫁接，最常用的方法有插皮接和劈接。取 20 ~ 30 年生的优良品种树（已结果）的 1 ~ 3 年生枝条，剪成 10 ~ 15 厘米长、带 3 ~ 4 个饱满芽的接穗，在砧木一定高度处切口，将接穗插入切口，再紧缚捆绑（图 3）。

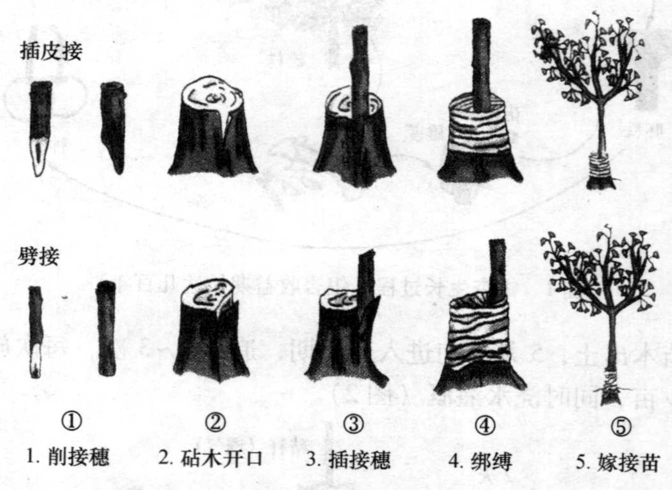

图 3　嫁接苗培育（嫁接成活后要及时松绑，除去砧木的萌芽）

五、建园技术

洼地、重盐碱地不适宜种植银杏树，应选择缓坡地、岗地或排水良好的平地。栽植株行距 4 米 ×6 米、6 米 ×6 米、6 米 ×8 米、8 米 ×8 米。栽植时间以春季为主，3 月上旬至 4 月下旬最佳。挖 0.6 ~ 1 米见方的穴，每穴施入土杂肥，栽植深度以苗木栽苗圃中的原有深度为准（图 4）。

六、复合经营

银杏林适宜与其他作物间作，如与小麦、花生、棉花、豆类、瓜类、苗木等粮食作物及矮秆作物间作；与菠菜、萝卜、白

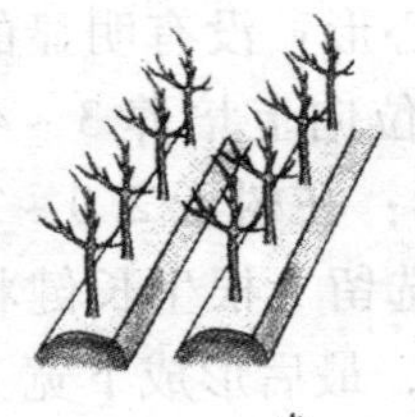

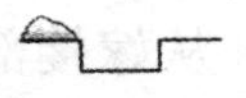

1. 挖出 40 厘米深的表土堆在一侧

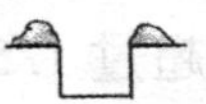

2. 再挖出 40 厘米的底土堆在另一侧

3. 加入底肥后填上表土

4. 放入苗木，使根系舒展

5. 回填底土

6. 踩实浇水

7. 培成馒头状

图4 建园（栽植时根系要舒展，栽植后要浇透水）

菜、大葱等蔬菜间作；与板栗、柿、核桃、桃等果树间作；与茶叶、桑、白蜡、杞柳、紫穗槐等灌木间作（图5）。

银杏—小麦

银杏—油菜

图5 复合经营

七、树形培养

嫁接部位不同，树形也不同。主干分层形：实生苗定植后，达到一定高度，在选留的主枝上嫁接。开心形：没有明显的中心主干，嫁接部位不超过1.5米，从嫁接部位向上培养3~4根主枝，再从主枝上培养3~5根侧枝。圆锥形：在树干2.0~2.5米的地方截去树梢，然后嫁接，嫁接成活后选留1根生长健壮的枝条培养主干，并在主干上选留7~8根主枝，最后形成下宽上窄的圆锥形树冠（图6）。

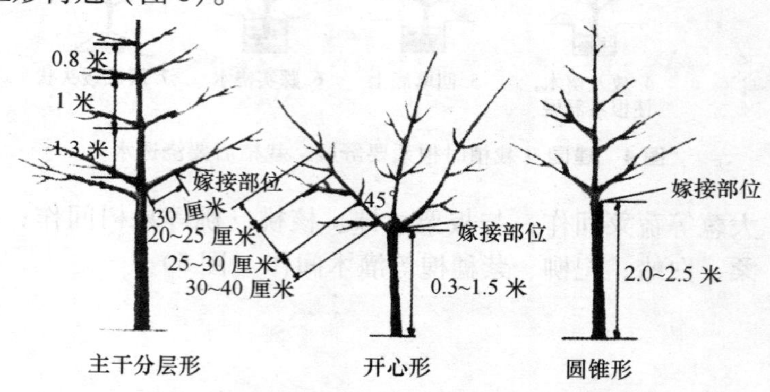

图6 树形培养（树冠内外通风透光是高产优质的关键）

八、深翻扩穴

幼树定植3~5年后，结合深施基肥，每年或隔年沿原种植穴逐渐向外深翻土壤，直到土壤全部深翻为止；翻土时，拣出石块，表土和心土分别放置；达适宜深度后，尽量往里掏，和原栽植穴打通，不留隔墙；填土时，先填表土，并混入土杂肥（图7）。

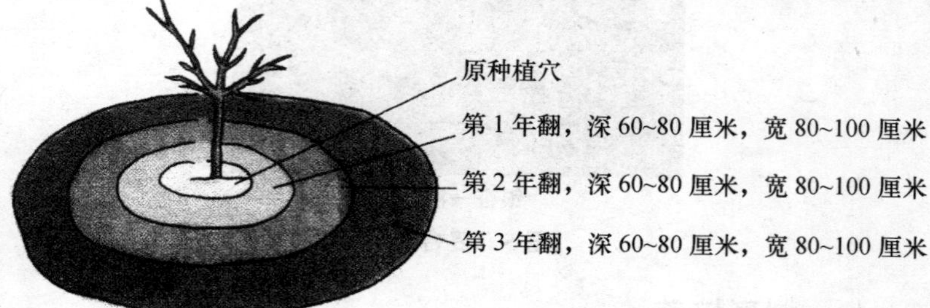

图7 深翻扩穴（根系范围内透气、透水，银杏才能长得好）

九、科学施肥

落叶和叶黄后施基肥，以有机肥为主。生长季节用化肥追肥 3 次；萌发期追肥（2 月下旬至 3 月中旬），以复合肥为主，施用量 30 千克/亩；幼果发育期追施氮肥（5 月下旬至 6 月中旬），施用量 30 千克/亩；果实发育后期追施磷钾肥（9 月上中旬），施肥量 30 千克/亩（图 8）。

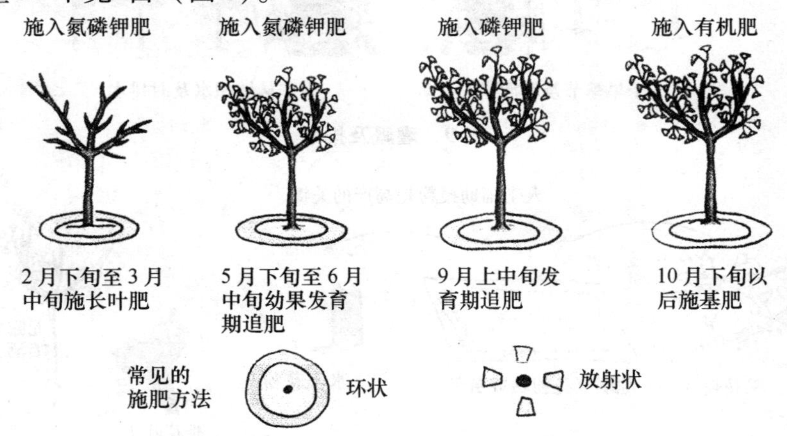

图 8 施肥方法示意（足够的肥料也是高产优质的关键）

十、灌溉排水

在干旱季节，为了促进银杏树干生长和果实生长，要及时进行灌溉；在雨季，林地积水时，要及时排水（图 9）。

十一、人工授粉

银杏需人工辅助授粉。雄花开花早，需提早采集花穗，晾干至花穗全部变黄后，于常温下保存。当银杏结果母树上 70% 的雌花出现水珠（吐水）时为最佳授粉时机。常用喷雾法进行人工授粉。选晴朗或微风天气，上午 10：00 至下午 16：00 前均匀喷洒树体。授粉后第二天若大部分雌花仍有水珠或授粉后一天内下雨，需再次进行授粉（图 10）。

图9　灌溉及排水

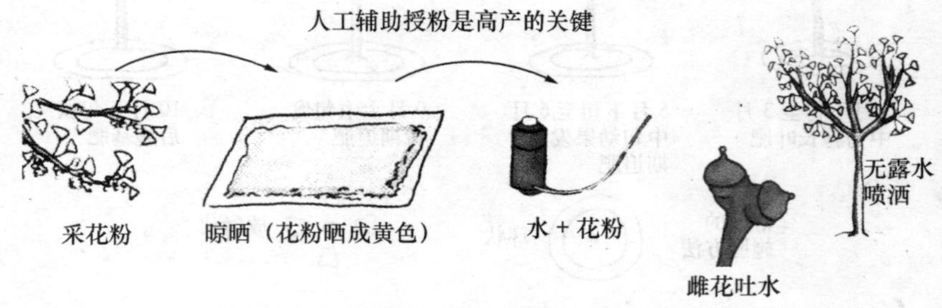

图10　人工授粉示意

十二、虫害防治

危害银杏的害虫主要是银杏超小卷叶蛾、黄刺蛾和大蓑蛾等。银杏超小卷叶蛾，一般于4月底至5月初以幼虫危害短枝（嫩枝）和当年生长枝，致使枝叶枯死。黄刺蛾、大蓑蛾为食叶害虫，一般6月下旬开始吃叶危害。防治方法为2.5%的敌杀死3 000～4 000倍液，乐果或敌百虫1 000倍液，喷雾树冠（图11）。

十三、人工疏果

银杏树结果太多需人工疏果，否则会因营养过度消耗而死亡，或影响果实等级。疏果分2次，第一次在5月中旬，落花后果发育初期进行，另一次在中果皮（核）硬化前，6月上旬完成。

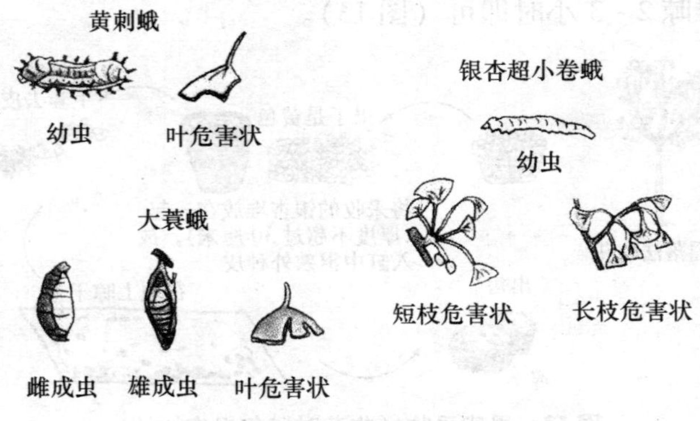

图 11　虫害防治

方法是内膛中下层枝宜少疏多留，外围上层枝宜多疏少留，每短枝留 1 ~2 个果（图 12）。

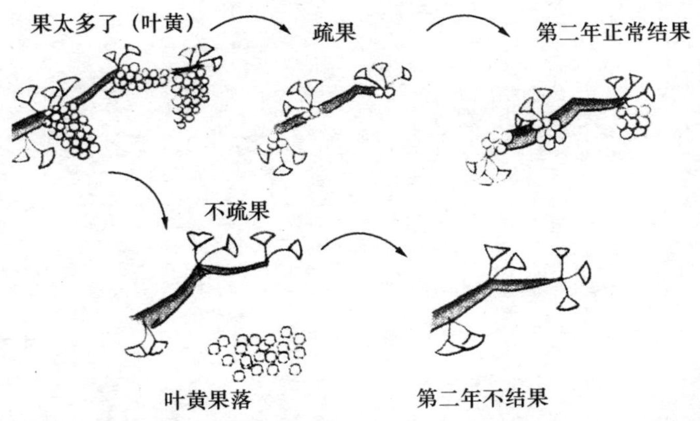

图12　人工疏果（果实结得太多，树会死或者发生大小年现象）

十四、果实收获

9 月下旬，银杏果皮变为橙褐色或青褐色，表面有一层薄薄的白色果粉或果肉开始变软时采收。用细长的竹竿轻轻敲打振落或用铁钩钩住枝条轻轻摇落，收集后放在缸（池）内浸泡堆沤 3 ~5 天后，用脚轻踏或戴橡胶手套用手搓磨去除外种皮后，冲洗干净，摊晾2~3小时即可（图13）。

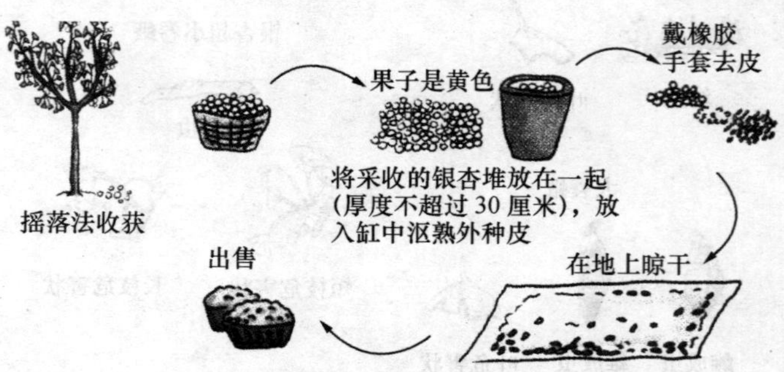

图13 果实采收（收获时避免损伤树枝）

附录2　银杏养护口诀

选种银杏细掂量，用土忌肥忌黏壤；
素沙栽培有学问，通风透气发根强。
初栽桩坯莫浇水，见有新叶也不忙；
平时少喷叶面水，桩体最怕水淋淌。
特别“关照”无必要，天将降雨便是量。
发现新叶萎蔫时，切莫误当失水相；
若是再将水来补，便是雪上又加霜。
遇此情形先别急，离土三日阴处晾；
韧皮患否色分明，病患边缘更明朗。
患部水渍绵腐状，寻根究底辨方向；
利器剖剔莫留情，刮净患皮再放晾。
高锰酸钾先水洗，再用甲基托布津；
最好加点生根剂，掌握浓度和剂量。
化学制剂各有别，说明书上见端详；
浸泡时间知长短，只需一昼一夜长。
待得药液全吸尽，桐油涂遍创口上；
余下药液清盆钵，重把桩体放中央。
素沙深植且高培，盆沿欠高加圈框；
这里重复说一句，还是不必浇水忙。
待到新芽展开日，再浇底水要控量；
健桩长得根满盆，换盆换土换模样。

附图表

附表1　泰兴银杏周年管理作业历

月份	节令	物候期	技术内容	技术操作要点
1月	小寒 大寒	落叶后	年度总结规划	总结上年的生产管理经验，制定本年度的生产管理措施及计划
			检查种子库（窖）	检查越冬贮存种子的温度、湿度和鼠害，防止种子过干、过湿、霉烂、鼠害，捡出有虫口种子
			采集接穗	采集接穗并进行蜡封、沙藏，备用
			修（复）剪	调整、补充冬季修剪之不足
			技术培训	撰写技术管理资料，继续技术培训
2月	立春 雨水	落叶后		继续上月各项管理工作
			施肥浇水	土壤解冻后，施基肥、浇水
			准备种、条、苗	落实春季栽植、育苗、嫁接之种、苗、条数量、规格、品种，做好引种、购置的制备工作、中下旬开始种子催芽
			检修机具、设施	检修生产工具、动力机械、排灌渠道及道路、房舍等，购置药物、药械
			嫁接苗管理	对上一年夏、秋季嫁接苗剪砧、除萌，留床苗松绑
3月	惊蛰 春分	落叶后 芽萌动		继续完成上月各项管理工作
			苗圃整地	运送肥料、深翻整平土地
			育苗	检出经催芽的种子，及时播种育苗
			苗木移植出圃	对3年生以上的实生苗进行移植或出圃，嫁接苗出圃建园

（续）

月份	节令	物候期	技术内容	技术操作要点
3月	惊蛰 春分	落叶后 芽萌动	嫁接	采用劈接等方法进行春季枝接
			植树造林	土壤解冻后，植树建园，营建防护林带
			灌水	园地灌水，提高土壤墒情
4月	清明 谷雨	芽萌动 展叶		继续植树造林、嫁接
			育苗	扦插育苗
			施肥灌水	施花前长叶肥，以速效肥为主，天旱时灌水
			中耕除草	苗圃地、园地中耕除草，确保墒情
			人工授粉	观察、预测预报人工授粉最佳期和雄花散粉期，采集花序，并做好花粉处理，适时适量适法授粉
			防治虫害	药剂防治银杏超小卷叶蛾、樟蚕、金龟子等幼虫
5月	立夏 小满	生长期	嫁接苗管理	及时抹除接口下的萌蘖，7～10天1次，抹早、抹小、抹了。接穗成活后绑缚支柱，防风折及人畜危害
			疏果	检查座果情况，每个短枝上保留1～3枚幼果，分2～3次疏完
			施肥	留床苗普施一次速效肥；结果树追施氮、磷、钾复合肥及根外追肥；叶成形后每10～15天喷0.3%的尿素、0.2%～0.5%的磷酸二氢钾、1%～2%的草木灰或叶面专用肥进行叶面喷施。冬绿肥埋青，种夏绿肥
			中耕除草	田间除草3次以上，雨后灌后及时松土
			防治病虫	药剂防治银杏超小卷叶蛾、茶黄蓟马、刺蛾、干枯病等病虫害
6月	芒种 夏至	新梢果实生长期花芽分化	常规管理	继续上月嫁接苗管理，叶面施肥、中耕除草
			施肥	施1次速效肥，宜早不宜迟
			种绿肥	补种绿豆、芝麻、田菁等绿肥作物
			夏季修剪	采取摘心、撑拉、环剥、环割、倒贴皮等方法
			防治病虫害	药剂防治银杏苗木茎腐病、干枯病、叶枯病、大袋蛾、天牛、刺蛾等病虫害
			扦插	嫩枝扦插

（续）

月份	节令	物候期	技术内容	技术操作要点
7月	小暑 大暑	果实膨大期		继续上月叶面喷肥、中耕除草、夏季修剪
			嫁接苗管理	正常抹芽、除萌、松绑、剪砧、绑支柱等
			田间管理	排涝、防旱，雨后松土等
			树体管理	结果多的树设支架或吊枝、撑枝、拉枝等
			施肥	对结果树追施肥料，促使种子膨大和花芽分化
			防治病虫害	药剂防治银杏苗木茎腐病、叶枯病、茶黄蓟马、黄刺蛾等病虫害
8月	立秋 处暑	枝芽充实期		继续上月部分管理工作
			嫁接	采集优良品种的接穗，及时进行嫩枝嫁接
			准备采收	准确估产，做好采收、贮运、销售的各项准备工作
			扦插	嫩枝扦插
			积肥	刈割杂草、绿肥，沤制绿肥、压青；树盘中耕除草、松土
			追肥	追施以磷、钾肥为主的肥料
9月	白露 秋分	果实成熟期	选果	定点、定株选育良种，单收单存，以备翌年春季育苗
			采收	月底采收、脱皮、漂洗，做好贮、运、销工作
			追肥	采收后及时追肥，补充树体营养，并灌1次透水
			播种绿肥	播种苕子等越冬绿肥作物
			苗木调查	出圃苗木数量、质量调查
10月	寒露 霜降	枝梢停止生长，叶色变黄	施肥	继续追施采后肥
			清扫落叶	清除杂草、枯枝落叶，摘虫茧（蛹）、除虫卵，集中烧（埋）掉
			出售树叶	收、晒、贮、运、出售银杏叶
			种子贮藏	除去杂物，干藏或混沙贮藏
11月	立冬 小雪	落叶后		继续上月各项管理工作
			施肥	及早施基肥（有机肥）

（续）

月份	节令	物候期	技术内容	技术操作要点
11月	立冬 小雪	落叶后	深翻土壤	结合施基肥，园地冬翻，树盘内浅锄，露根树培土
			清理园地	刮除干上粗糙树皮，结合修剪摘茧、捡蛹、去除虫枝，集中烧毁
			冬季栽植	随整地随栽植，或整地后翌春栽植
			检查种子	检查种子库（窖）温、湿度，鼠害，拾出霉烂种子
			整修水利	维修、扩建渠道、塘坝等水利工程
			苗木出圃	起苗、包装、调运
			修剪	制定修剪方案，着手冬剪
12月	大雪 冬至	落叶后		继续上月作业，封冻前完成冬剪
			技术培训	撰写技术总结，开展技术培训
			检藏机具	农具、机械及其他用具的清查、检修、收藏
			制订生产计划	年度生产工作总结，编制下年生产计划、经费开支，制订产量指标，落实技术措施等

附表 2　我国各地银杏物候期

所在地	山东	郯城	江苏	泰州	广西	灵川	云南	腾冲
性别	雌	雄	雌	雄	雌	雄	雌	雄
芽鳞绽放期	3月22～26日	3月20～24日	3月20～24日	3月18～23日	2月26日至3月3日	2月25日至3月2日	3月8～12日	2月28日至3月10日
萌芽期	4月5～10日	3月25日至4月2日	4月7～14日	4月5～11日	3月10～20日	3月5日至4月15日	3月20～28日	3月14～25日
展叶期	4月15～23日	4月15～21日	4月15～21日	4月10～16日	3月25日至4月5日	3月23日至4月15日	3月28日至4月20日	3月25日至4月6日
开花期	4月18～29日	4月18～28日	4月12～29日	4月10～25日	4月5～16日	4月3～15日	4月20日至5月10日	4月15～30日
种子生长期	5月3日至9月23日	—	5月3日至9月29日	—	4月15日至9月25日	—		
新梢生长期	4月20日至6月30日	4月18日至6月25日	4月15日至7月5日	4月13日至7月10日	3月30日至5月25日	4月5日至5月1日	4月23日至7月10日	4月20日至7月10日
种熟期	9月16日至10月10日	—	9月10日至10月5日	—	9月10日至10月5日	—	8月20日至10月15日	—
落叶期	10月20日至11月15日	10月25日至11月19日	10月25日至11月26日	10月28日至11月29日	10月10日至11月25日	10月10日至12月2日	11月10日至12月10日	10月10日至12月2日
休眠期	11月20日至3月21日	11月20日至3月21日	11月27日至3月19日	11月20日至3月17日	11月25日至2月25日	12月2日至2月25日	12月11日至3月7日	12月3日至2月27日

附表3　各种肥料可否混合施用查对表

肥料	1	2	3	4	5	6	7	8	9	10	11	12	13	14	15	16	17	18	19	20	21	22	23	24
1 硫酸铵																								
2 硝酸铵	●																							
3 氨水	×	×																						
4 碳酸氢铵	×	●	×																					
5 尿素	○	●	×	×																				
6 石灰氮	×	×	×	×	×																			
7 氯化铵	○	●	×	×	○	×																		
8 过磷酸钙	○	●	×	×	○	×	○																	
9 钙镁磷肥	●	●	×	×	○	×	×	×																
10 钢渣磷肥	×	×	×	×	×	×	×	×	○															
11 沉淀磷肥	○	●	×	×	○	×	○	×	○	○														
12 脱氯磷肥	●	●	×	×	○	×	×	×	○	○	○													
13 重过磷酸钙	○	●	×	×	○	×	○	○	×	×	×	×												
14 磷矿粉	○	●	×	×	○	×	○	●	○	○	○	○	●											
15 硫酸钾	○	●	×	×	○	×	○	○	○	○	○	○	○	○										
16 氯化钾	○	●	×	×	○	×	○	○	○	○	○	○	○	○	○									
17 窑灰钾肥	×	×	×	×	×	×	×	×	○	○	○	○	×	○	○	○								
18 磷酸铵	○	●	×	×	○	×	○	○	×	×	×	×	○	×	○	○	×							
19 硝酸磷肥	●	●	×	×	●	×	●	●	×	×	×	×	●	●	●	●	×	●						
20 钾氮混肥	○	●	×	×	○	×	○	○	×	×	×	×	○	●	○	○	×	○	●					
21 氨化过磷酸钙	○	●	×	×	○	×	○	○	×	×	×	×	○	●	○	○	×	○	●	○				
22 草木灰石灰	×	×	×	×	×	×	×	×	○	○	○	○	×	○	○	○	○	×	×	×	×			
23 粪尿	○	○	×	×	○	×	○	○	×	×	×	×	○	○	○	○	×	○	○	○	○	×		
24 新鲜厩肥、堆肥	○	×	○	○	○	○	○	○	○	○	○	○	○	○	○	○	○	○	○	○	○	○	○	

注：○表示可以混合施用，●表示混合不宜久放，×表示不可混合施用。

附表4 大树移植记录表

施工单位： 养护单位： 编号：

品种		胸径（冠幅）	
树龄		树高	
生长势		移植时间	
原生长地点		栽植时间	
移植地点		项目负责人	
1	包装方式		
2	原生长地土壤情况		
3	栽植地土壤情况		
4	土台直径，是否散台		
5	根部生长情况		
6	有无病虫害		
7	周围交通状况		
8	运输过程是否采取保湿措施		
9	大树装运有无伤枝、破皮		
10	树木修剪情况		
11	定植后浇水时间及浇水量		
12	支撑情况		
13	养护措施		

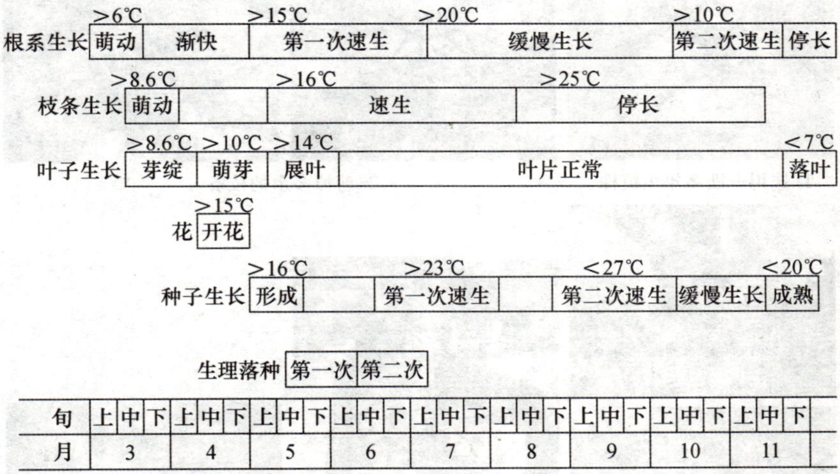

根系生长：>6℃ 萌动 | 渐快 | >15℃ 第一次速生 | >20℃ 缓慢生长 | >10℃ 第二次速生 | 停长

枝条生长：>8.6℃ 萌动 | | >16℃ 速生 | >25℃ 停长

叶子生长：>8.6℃ 芽绽 | >10℃ 萌芽 | >14℃ 展叶 | 叶片正常 | <7℃ 落叶

花：>15℃ 开花

种子生长：>16℃ 形成 | | >23℃ 第一次速生 | | <27℃ 第二次速生 | 缓慢生长 | <20℃ 成熟

生理落种：第一次 | 第二次

旬	上	中	下	上	中	下	上	中	下	上	中	下	上	中	下	上	中	下	上	中	下	上	中	下	上	中	下
月	3			4			5			6			7			8			9			10			11		

附图1 银杏的物候期

1. 选用一棵多年生植株

2. 剪掉多余的枝条

3. 做下弯造型

4. 攀扎造型

5. 剪掉多余铝线头

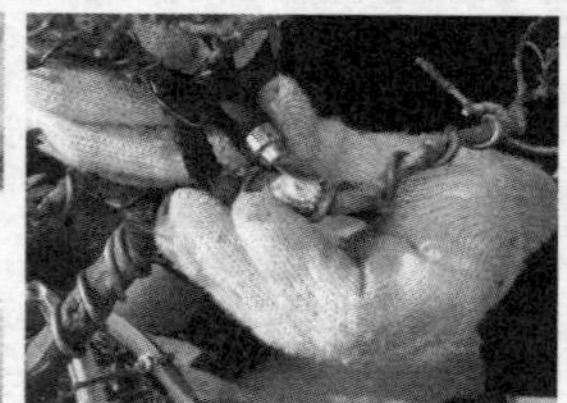

6. 刻刀修圆滑

7. 作品完成

附图 2　盆景制作全过程